阴条岭大型真菌图鉴
YINTIAOLING

张家辉　熊驰　唐吉耀　等　主编

重庆大学出版社

内容简介

  大型真菌是自然生态系统的重要组成部分，在帮助植物生长、维护生态系统稳定、促进物质循环和能量流动等方面发挥着积极的作用，同时大型真菌在食用、药用方面与人类建立了密切的联系。重庆阴条岭国家级自然保护区良好的亚热带森林生态系统，为大型真菌的生长繁殖提供了优越的条件；经过为期三年的专项调查，笔者项目组在重庆阴条岭国家级自然保护区发现大型真菌20目78科215属414种。

  本书介绍了大型真菌的生物学性状和重庆阴条岭国家级自然保护区大型真菌的资源现状，图文并茂地描述了所收录物种的拉丁学名、系统地位、形态特征、在重庆阴条岭国家级自然保护区的生态分布以及资源价值等，便于有关人员了解、掌握大型真菌的分类学知识以及重庆阴条岭国家级自然保护区大型真菌的物种多样性和生态多样性，可供生物资源与生物多样性科研工作者、自然科学科普宣教工作者、菇菌爱好者以及户外活动爱好者等使用和参考。

图书在版编目（CIP）数据

阴条岭大型真菌图鉴 / 张家辉等主编 . -- 重庆：

重庆大学出版社，2025.1. --（"秘境阴条岭"生物多

样性丛书）. -- ISBN 978-7-5689-4721-3

  Ⅰ . Q949.320.8-64

  中国国家版本馆 CIP 数据核字第 2024Q767Q4 号

阴条岭大型真菌图鉴
YINTIAOLING DAXING ZHENJUN TUJIAN

张家辉　熊　驰　唐吉耀 等　主编
策划编辑：袁文华

责任编辑：袁文华　　版式设计：袁文华

责任校对：邹　忌　　责任印制：赵　晟

*

重庆大学出版社出版发行

出版人：陈晓阳

社址：重庆市沙坪坝区大学城西路 21 号

邮编：401331

电话：（023）88617190　88617185（中小学）

传真：（023）88617186　88617166

网址：http://www.cqup.com.cn

邮箱：fxk@cqup.com.cn（营销中心）

全国新华书店经销

重庆亘鑫印务有限公司印刷

*

开本：787 mm×1092 mm　1/16　印张：30.25　字数：754 千

2025 年 1 月第 1 版　　2025 年 1 月第 1 次印刷

ISBN 978-7-5689-4721-3　定价：198.00 元

编委会

丛书序

　　重庆阴条岭国家级自然保护区位于重庆市巫溪县东北部，地处渝、鄂两省交界处，是神农架原始森林的余脉，保存了较好的原始森林。主峰海拔2 796.8 m，为重庆第一高峰。阴条岭所在区域既是大巴山生物多样性优先保护区的核心区域，又是秦巴山地及大神农架生物多样性关键区的重要组成部分。其人迹罕至的地段保存着典型的亚热带森林生态系统，具有很高的学术和保护价值。

　　近十多年来，我们一直持续地从事阴条岭的生物多样性资源本底调查，同步开展了部分生物类群专科专属的研究。通过这些年的专项调查和科学研究，积累了大量的原始资源和科普素材，具备了出版"秘境阴条岭"生物多样性丛书的条件。

　　"秘境阴条岭"生物多样性丛书原创书稿，由多个长期在重庆阴条岭国家级自然保护区从事科学研究的专家团队撰写，分三个系列：图鉴系列、科学考察系列、科普读物系列，这些图书的原始素材主要来源于重庆阴条岭国家级自然保护区。

　　编写"秘境阴条岭"生物多样性丛书，是推动绿色发展、促进人与自然和谐共生的内在需要，更是贯彻落实习近平生态文明思想的具体体现。

　　"秘境阴条岭"生物多样性丛书中，图鉴系列以物种生态和形态照片为主，辅以文字描述，图文并茂地介绍物种，方便读者识别；科学考察系列以专著形式系统介绍专项科学考察取得的成果，包括物种组成，尤其是发表的新属种、新记录以及区系地理、保护管理建议等；科普读物系列以图文并茂、通俗易懂的方式，从物种名称来历、生物习性、形态特征、经济价值、文化典故、生物多样性保护等方面讲述科普知识。

　　自然保护区的主要职责可归纳为六个字：科研、科普、保护。"秘境阴条岭"生物多样性丛书的出版来源于重庆阴条岭国家级自然保护区良好的自然生态，有了这个绿色本底才有了科研的基础，没有深度的科学研究也就没有科普的素材。此项工作的开展，将有利于进一步摸清重庆阴条岭国家级自然保护区的生物多样性资源本底，从而更有针对性地实行保护。

"秘境阴条岭"生物多样性丛书的出版，将较好地向公众展示重庆阴条岭国家级自然保护区的生物多样性，极大地发挥自然保护区的职能作用，不断提升资源保护和科研科普水平；同时，也将为全社会提供更为丰富的精神食粮，有助于启迪读者心灵、唤起其对美丽大自然的热爱和向往。

重庆阴条岭国家级自然保护区是中国物种多样性最丰富、最具代表性的保护区之一。保护这里良好的自然环境和丰富的自然资源，是我们的责任和使命。以丛书的方式形象生动地向公众展示科研成果和保护成效，将极大地满足人们对生物多样性知识的获得感，提高公众尊重自然、顺应自然、保护自然的意识。

自然保护区是自然界最具代表性的自然本底，是人类利用自然资源的参照系，是人类社会可持续发展的战略资源，是人类的自然精神家园。出版"秘境阴条岭"生物多样性丛书，是对自然保护区的尊重和爱护。

"秘境阴条岭"生物多样性丛书的出版，得到了重庆市林业局、西南大学、重庆师范大学、长江师范学院、重庆市中药研究院、重庆自然博物馆等单位的大力支持和帮助。在本丛书付梓之际，向所有提供支持、指导和帮助的单位和个人致以诚挚的谢意。

由于编者业务水平有限，疏漏和错误在所难免，敬请批评指正。

重庆阴条岭国家级自然保护区管理事务中心

杨志明

2023 年 5 月

前　言

重庆阴条岭国家级自然保护区（以下简称"阴条岭自然保护区"）位于重庆市巫溪县东北部，地处渝、鄂两省交界处，介于东经 109° 41′ 19″ —109° 57′ 42″ 和北纬 31° 23′ 52″ —31° 33′ 37″ 之间；阴条岭自然保护区的保护工作是实施全国重要生态系统保护和修复重大工程、优化国家生态安全屏障体系、构建生态廊道和生物多样性保护网络的重点之一，对提升生态系统质量和稳定性具有重要意义。阴条岭自然保护区自然环境多样，物种丰富，植被繁茂，拥有长江中上游保存较为完好的亚热带森林生态系统，为大型真菌的生长繁殖提供了优越的条件。

大型真菌通常指能产生大型子实体的一类真菌，包括担子菌门和子囊菌门的部分种类。大型真菌的子实体有的可以食用，有的可以入药，具有重要的经济价值。在生态环境部和重庆阴条岭国家级自然保护区管理事务中心等相关项目的资助下，笔者项目组在渝东北地区开展了大型真菌资源的县域调查，在阴条岭自然保护区采集了数百种大型真菌；笔者项目组自 2020 年起对阴条岭自然保护区大型真菌资源进行了为期三年的详细调查，对采集的大型真菌依据其彩色照片、形态特征和生活习性等，结合显微观察和查阅有关资料进行了鉴定，共计鉴定出大型真菌 20 目 78 科 215 属 414 种。其中：担子菌 14 目 59 科 179 属 366 种，子囊菌 6 目 19 科 36 属 48 种。同时，在调查基础上对阴条岭自然保护区大型真菌的资源价值和生态分布特征进行了初步分析。为充分展示阴条岭自然保护区大型真菌的资源现状及生物多样性管护成果，特著此书以记之。

本书分概述和大型真菌分类描述两个部分，概述部分介绍大型真菌生物学性状和阴条岭自然保护区大型真菌资源多样性，便于有关人员了解、掌握大型真菌的分类学知识以及阴条岭自然保护区大型真菌的物种多样性和生态多样性。大型真菌分类描述部分按子囊菌类、伞菌类、非褶菌类、胶质菌类、腹菌类五个大类对大型真菌进行分种性状描述，包括物种的拉丁学名、系统地位、形态特征、在阴条岭自然保护区的生态分布以及资源价值等，同时对每个物种提供了一至多张照片。

本书所载调查研究结果，丰富和完善了阴条岭自然保护区大型真菌资源本底，并为该地区及渝东北大巴山保护优先区大型真菌资源的开发利用和管理保护工作提供了科学依据。本书同时可作为相关科研工作者的参考资料和蕈菌爱好者、大众读者的有益读物。

鉴于知识和能力有限，编写过程中难免有疏漏和错误之处，敬请批评指正！

西南大学生命科学学院

张家辉

2024 年 9 月

目　录

第一部分

概　述

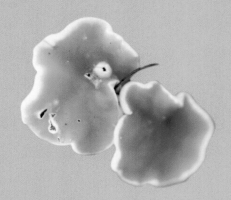

大型真菌生物学性状

大型真菌，是指能产生用肉眼就能看见大型子实体（孢子果）的真菌，即通俗所讲的蘑菇，尤指伞菌。从系统分类上看，大型真菌属于高等真菌范畴，包括大部分担子菌类和少部分子囊菌类。

大型真菌具有真菌的基本特征：

（1）细胞中具有真正的细胞核；

（2）没有叶绿体，细胞壁中含有几丁质；

（3）通过细胞壁吸收营养物质，对于复杂的多聚化合物，可先分泌胞外酶将其降解为简单化合物后再吸收；

（4）通常为分枝繁茂的丝状体，菌丝呈顶端生长；

（5）通过有性或无性繁殖的方式产生孢子延续种族。

当大型真菌的菌丝生长到一定阶段，在条件适宜的情况下便会产生子实体。子实体是指在其里面或上面可产无性或有性孢子，有一定形态和构造的菌丝体组织。子实体相当于大型真菌繁衍后代的结构，在子囊菌中又称子囊果，在担子菌中又称担子果。根据担子果形态的不同，本书又将担子菌类分为伞菌类、非褶菌类、胶质菌类和腹菌类。

1. 子囊菌类

子囊菌类有性阶段重要的事件就是形成子囊和子囊孢子；子囊在菌体中是有固定生长位置的，即生长在被称为子囊果的结构内。在子囊果内，子囊大多呈圆筒形或棍棒形，少数为卵形或近球形，有的子囊有柄。1个典型的子囊内含有8个子囊孢子。子囊果的形态是多种多样的，呈球形、盘状、碗状、陀螺状、帽状、马鞍形、蜂窝状、棒状、瘤状、菌核状或块状等，有柄或无，其色泽也因种类而异。

2. 伞菌类

伞菌类的子实体多为肉质，少数种类近革质或近木质。有菌柄或无，菌柄中生或偏生。菌盖伞形、扁半球形、扁圆形、斗笠形、杯状或漏斗状，稀呈喇叭状，表面光滑或具各种鳞片。菌肉厚或薄，有的受伤后会变色。菌盖下面有菌褶或菌管，不同种类菌褶稀疏或密或稠密，等长或不等长，有的菌褶在菌柄上延生。菌管单层或多层，管口圆形或多角形。菌柄圆柱形，或短粗或膨大，实心或空心；菌柄上有菌环或无；菌环单层或双层，为膜质幕状，或丝膜状或蛛网状。有的菌柄基部有菌托，菌托呈苞状、杯状、环带状或由颗粒状物组成等。伞菌类多为一年生，很少二年生或多年生，生态习性也因种类而异。大多数单生、散生或群生于森林生态系统中，有的与树木共生形成菌根，有的营腐生生活，有的营寄生生活；有的生于草地或田地边；不同经纬度和不同海拔高度的地区，伞菌种类有所差异。

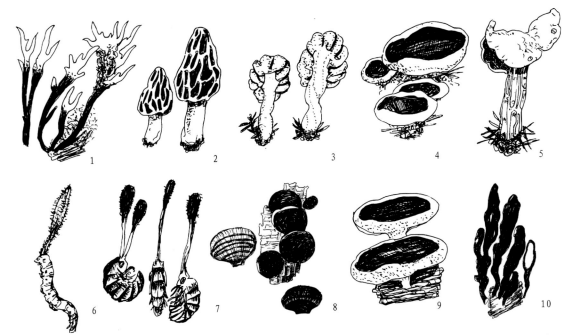

1. 炭角菌属（*Xylaria*）；2. 羊肚菌属（*Morchella*）；3. 地勺菌属（*Spathularia*）；4. 盘菌属（*Peziza*）；5. 马鞍菌属（*Helvella*）；
6. 虫草属（*Ophiocordyceps*）；7. 线虫草属（*Ophiocordyceps*）；8. 炭球菌属（*Daldinia*）；9. 肉杯菌属（*Sarcoscypha*）；
10. 多形炭角菌（*Xylaria polymorpha*）

子囊菌类形态图 [1]

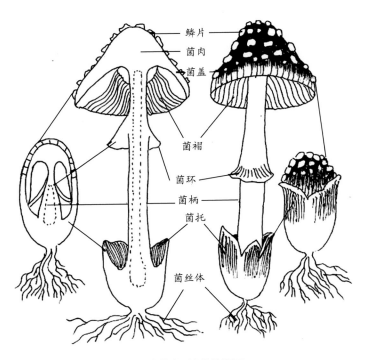

伞菌类形态结构图示

1 本书概述部分的插图引自《缙云山草菌原色图集》，仿卯晓岚《中国大型真菌》等绘制。

1. 小桩菇属（*Paxillus*）；2. 杯伞属（*Clitocybe*）；3. 丝膜菌属（*Cortinarius*）；4. 蜡伞属（*Hygrophorus*）；
5. 牛肝菌属（*Boletus*）；6. 侧耳属（*Pleurotus*）；7. 乳菇属（*Lactarius*）；8. 小火焰菌属（*Flammlina*）
9. 环柄菇属（*Lepiota*）；10. 乳牛肝菌属（*Suillus*）；11. 光柄菇属（*Pluteus*）；12. 鬼伞属（*Coprinus*）；
13. 鹅膏菌属（*Amanita*）；14. 丝盖伞属（*Inocybe*）；15. 疣柄牛肝菌属（*Leccinum*）；16. 红菇属（*Russula*）；
17. 松塔牛肝菌属（*Strobilomyces*）；18. 蘑菇属（*Agaricus*）

伞菌类形态图

3. 非褶菌类

　　非褶菌类的子实体多近革质、木栓质或近木栓质，少数肉质或近肉质；有柄或无柄，无菌环及菌托。菌盖形态多样，有扁平、半圆形、马蹄形、座垫状、舌状、扇形、棒状、杯状、漏斗形或珊瑚状等；菌盖常在树木上侧生或平伏（有的反卷）；菌盖上有或无环带、环纹或沟条等；表面有硬壳，光滑，有龟裂或毛或鳞片。菌盖下子实层面平滑，或形成硬刺或软长刺，有的形成菌孔或菌管，还有的为褶孔；一年生的非褶菌类菌管单层，多年生的则菌管多层；菌孔及孔口大小、形状、颜色等有类别差异。菌柄一般较短，但也有的种类菌柄较长（如灵芝）；有的无柄呈莲座状，叠生或丛生。非褶菌类多在森林中树木桩、倒腐木、地下腐木或腐根上发生，也有少数寄生或共生或与树木形成菌根。生长在树木上的种类以降解纤维素和半纤维素产生褐色腐朽者为褐腐菌，以降解木质素形成白色腐朽者为白腐菌。

1. 鸡油菌属（*Cantharellus*）；2. 灵芝属（*Ganoderma*）；3. 革菌属（*Thelephora*）；4. 干酪菌属（*Tyromyces*）；
5. 革盖菌属（*Coriolus*）；6. 褶革菌属（*Plicatura*）；7. 拟层孔菌属（*Fomitopsis*）；8. 小孔菌属（*Micrcporus*）；
9. 拟层孔菌属（*Fomitopsis*）；10. 粗毛囊孔菌属（*Hirschioporus*）；11. 集毛菌属（*Coltricia*）；12. 韧革菌属（*Stereum*）

非褶菌类形态图

4. 胶质菌类

　　胶质菌类的子实体新鲜时胶质、软骨质、稀蜡质，干燥时硬或脆，部分种类子实体吸水后可复原状。子实体形态多样，耳片状、花瓣状、脑状、个别呈细棍棒状，有的分枝呈珊瑚状。胶质菌类有柄或无柄，不育面平滑，有毛或无毛。子实层面平滑或有皱或刺状。胶质菌类绝大多数为木材腐朽菌，少数生于地上，一般为一年生。代表性类群如木耳、银耳等是传统优良食用菌，也具有良好的药用和食用价值。

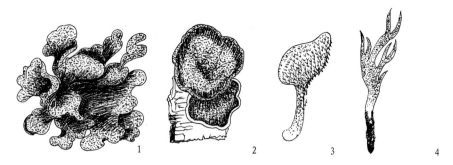

1. 银耳属（*Tremella*）；2. 木耳属（*Auricularia*）；3. 假齿菌属（*Pseudohydnum*）；4. 花耳属（*Dacryomyces*）

胶质菌类形态图

5. 腹菌类

腹菌类的子实体不像伞菌类和非褶菌类形成典型的菌褶状和菌孔状子实层，其担子果外有1～3层包被层，形成一个封闭的包被，内部形成产孢组织或孢体。其中，马勃类和硬皮马勃类的子实体常呈球形、扁圆形或近似陀螺形，通过包被孔裂（少数不规则星状开裂）形式散发孢子；地星类具有明显的内外包被，外包被成熟时呈星状开裂，内包被薄，通过顶生孔口释放孢子；鸟巢菌类外形为倒圆锥形，沿盖膜边缘周裂而呈高脚杯状，其内有担孢子集生而形成的小包（孢子块）；鬼笔类的外包被为坚韧膜质，中包被为胶质，内包被为薄的膜质结构，包被破裂后孢托和孢体长出，孢托发育为一至多个中空、疏松（海绵质）的管状或网笼状结构，上面产生腥臭、黏液状孢体。腹菌类分布较广泛，多生于林中腐殖质土上或腐木、枯枝上，单生或群生；借助风力或动物传播孢子。

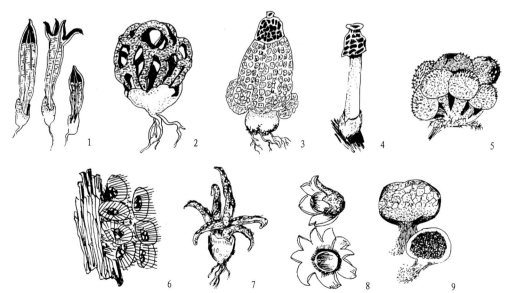

1. 鬼笔属（*Lysurus*）；2. 笼头菌属（*Clathrus*）；3. 竹荪属（*Dictyophora*）；4. 鬼笔属（*Phellus*）；5. 马勃属（*Lycoperdon*）；
6. 黑蛋巢菌属（*Cyathus*）；7. 笼头菌属（*Clathrus*）；8. 地星属（*Geastrum*）；9. 硬皮马勃属（*Sclerouderma*）

腹菌类形态图

阴条岭自然保护区大型真菌资源多样性

根据地理环境和交通状况，笔者项目组在阴条岭自然保护区四个主要调查区域（点）开展野外实地调查：（1）阴条岭管护区域，包括林口子、蛇梁子、转坪、阴条岭等区域；（2）兰英管护区域，包括兰英大峡谷、黄草坪等区域；（3）红旗管护区域，包括骡马店、干河坝、杨柳池、天池坝等区域；（4）官山管护区域，包括官山林场、千子筏等区域。野外调查采用随机踏查法进行，重点是森林生态系统，涵盖阔叶林、针阔混交林和针叶林三种类型，兼顾其他生态系统。

1. 物种组成

对采集的大型真菌依据其彩色照片、形态结构特征和生活习性等，结合显微观察和有关资料进行鉴定；采用近代真菌学家普遍承认和采用的分类系统（《菌物字典》第10版）编制阴条岭自然保护区主要大型真菌名录，部分种类根据传统的分类习惯做了少许修正。通过鉴定，阴条岭自然保护区共有大型真菌20目78科215属414种。其中：担子菌14目59科179属366种，占总种数的88.41%；子囊菌6目19科36属48种，占总种数的11.59%。

在这414种大型真菌中，有102种为重庆新分布记录种，占总种数的24.64%，包括欧洲松口蘑（*Tricholoma caligatum*）、灯心草核瑚菌（*Macrotyphula juncea*）、台湾鬼笔（*Phallus formosanus*）、五臂

台湾鬼笔

五臂假笼头菌

网盖光柄菇

浅脚瓶盘菌

假笼头菌（*Pseudoclathrus pentabrachiatus*）、浅脚瓶盘菌（*Urnula craterium*）、网盖光柄菇（*Pluteus thomsonii*）等。

2. 生活习性

阴条岭自然保护区大型真菌按照不同的营养方式及生长基质，可分为土生菌类、木生菌类、寄生菌类三种类型。阴条岭自然保护区内土生菌种类最多，有238种，占总种数的57.49%。在土生菌中，有部分大型真菌与一些高等植物发生了菌根关系，这类菌也被称为外生菌根菌，主要包括牛肝菌科、鹅膏科、红菇科中的一些种类，如格纹青鹅膏（*Amanita fritillaria*）、褐疣柄牛肝菌（*Leccinum scabrum*）等。木生菌有169种，占总种数的40.82%；以腐木、倒木、树桩、活立木等为基质的大型真菌，多集中在多孔菌科、刺革菌科、韧革菌科、拟层孔菌科和木耳科。寄生菌有7种，占总种数的1.69%；分为虫寄生菌和蕈寄生菌。虫寄生菌以虫草科为主，包括鲜红虫草（*Cordyceps cardinalis*）、勿忘虫草（*Cordyceps memorabilis*）、蛾蛹虫草（*Cordyceps polyarthra*）以及线孢虫草科的下垂线虫草（*Ophiocordyceps nutans*）。蕈寄生菌（一种特殊的寄生形式，即真菌寄生在另一种真菌上）包括星形菌（*Asterophora lycoperdoides*）、索罗库拉菌瘿伞（*Squamanita sororcula*）和大孢菌寄生（*Hypomyces macrosporus*）。

下垂线虫草

索罗库拉菌瘿伞

3. 优势类群

阴条岭自然保护区大型真菌的优势科共有14科（每科所含物种数≥10），占总科数的17.95%，共222种，占总种数的53.62%。其次含5～9种的有14科，含2～4种的有22科，仅含1种的有28科。优势科主要在担子菌门，子囊菌门无优势科分布，这些优势科分别是红菇科（Russulaceae）、多孔菌科（Polyporaceae）、牛肝菌科（Boletaceae）、蘑菇科（Agaricaceae）、口蘑科（Tricholomataceae）、鹅膏菌科（Amanitaceae）、小皮伞科（Marasmiaceae）、粉褶蕈科（Entolomataceae）、蜡伞科（Hygrophoraceae）、小菇科（Mycenaceae）、小脆柄菇科（Psathyrellaceae）、球盖菇科（Stropgariaceae）、类脐菇科（Omphalotaceae）和泡头菌科（Physalacriaceae）。其中，红菇科所含物种数量最多，有31种，占总种数的7.49%；多孔菌科28种，占总种数的6.76%；牛肝菌科25种，占总种数的6.04%；蘑菇科16种，占总种数的3.86%；口蘑科和小皮伞科各有

14 种，各占总种数的 3.38%；鹅膏菌科 13 种，占总种数的 3.14%；蜡伞科、小菇科、小脆柄菇科和球盖菇科各有 12 种，各占总种数的 2.90%；粉褶蕈科、类脐菇科和泡头菌科各有 11 种，各占总种数的 2.66%。仅红菇科、多孔菌科、牛肝菌科 3 科所含物种数达 84 种，占总种数的 20.29%，相对来说优势非常显著。

阴条岭自然保护区大型真菌优势属共有 16 属（种数 ≥ 5），占总属数的 7.44%，这 16 属共有 128 种，占总种数的 30.92%。优势属中仅 1 属属于子囊菌，即马鞍菌属（*Helvella*），共 7 种，占总种数的 1.69%。在担子菌中，含物种数最多的是红菇属（*Russula*），有 15 种，占总种数的 3.62%；鹅膏菌属（*Amanita*）和乳菇属（*Lactarius*）各有 13 种，各占总种数的 3.14%；粉褶蕈属（*Entoloma*）12 种，占总种数的 2.90%；小菇属（*Mycena*）10 种，占总种数的 2.42%；丝膜菌属（*Cortinarius*）、湿伞属（*Hygrocybe*）各 7 种，各占总种数的 1.69%；丝盖伞属（*Inocybe*）、小皮伞属（*Marasmius*）、蜡蘑属（*Laccaria*）和枝瑚菌属（*Ramaria*）各有 6 种，各占总种数的 1.45%；栓孔菌属（*Trametes*）、小脆柄菇属（*Psathyrella*）、乳牛肝菌属（*Suillus*）、韧革菌属（*Stereum*）各有 5 种，各占总种数的 1.21%。环柄菇属（*Lepiota*）等 6 属各有 4 种；珊瑚菌属（*Clavaria*）等 16 属各有 3 种，马勃属（*Lycoperdon*）等 37 属各有 2 种；白蛋巢菌属（*Crucibulum*）等 140 属各只有 1 种。可以看出，阴条岭自然保护区内优势属相对明显。

4. 生态习性

阴条岭自然保护区阔叶林分布有大型真菌 68 科 153 属 275 种，针阔混交林分布有大型真菌 50 科 91 属 157 种，针叶林分布有大型真菌 12 科 14 属 16 种，竹林分布有大型真菌 6 科 10 属 13 种。阔叶林中大型真菌分布的物种数量最多，占总种数的 66.43%；针阔混交林大型真菌的分布种数次之，占总种数的 37.92%；针叶林和竹林的大型真菌发生情况较差，分别占总种数的 3.86% 和 3.14%。阔叶林成为大型真菌发生的主要植被群落，可能与阴条岭自然保护区阔叶林的广泛分布有关，阔叶林的分布主要集中在低、中海拔区域，但在高海拔仍有零星分布。针叶林和竹林形成的特别林下生境，导致其提供的土壤以及枯枝落叶物条件适宜少部分种类的大型真菌生长，针叶林和竹林分布的大型真菌物种数最少。换个角度来看，因为在野外调查过程中采用的是随机样线调查法，不同植被类型中物种数量差异也可能是样线分布不均匀造成的，科学考察不同植被类型中大型真菌的发生情况，还有待更进一步详细调查。

在垂直分布上，阴条岭自然保护区海拔落差最大的可以达到 2 300 m，形成了三个主要的植被垂直带。（1）低海拔带：在海拔 1 500 m 以下为以常绿阔叶林为主的常绿阔叶林带，部分分布有以马尾松、杉木、华山松等为主的亚热带针叶林。在该海拔带中共调查到 173 种，其中：春季发生的大型真菌有 14 种，夏季发生的大型真菌有 103 种，秋季发生的大型真菌有 56 种。（2）中海拔带：在海拔 1 500 ~ 2 200 m 为植物群落较为丰富的常绿落叶阔叶林带，同时分布有以华山松和多种落叶树组成的针阔混交林和以巴山松、油松、华山松为主的针叶林，因其处在常绿阔叶林带和亚高山针叶林带之间，具有明显的过渡特点。在中海拔带中共调查到 189 种，其中：春季发生的大型真菌有 17 种，夏季发生的大型真菌有 130 种，秋季发生的大型真菌有 42 种。（3）高海拔带：当海拔高于 2 200 m 后，植物群落则多为针叶林形成的亚高山针叶林带。其间以亚高山针叶林和次生性落叶阔叶林为主，在海拔 2 500 m 左右还存在高山灌丛等植被。在高海拔带中共调查到大型真菌 52 种，其中：夏季发生的大型真菌有 41 种，秋季发生的大型真菌有 11 种。调查结果显示，在低、中、高三级海拔梯度中，大型真菌的分布多集中在低海拔和中海拔植被垂直带中，发生的物种数分别占总种数的 41.79%、45.65%；在高海拔的植被垂直带中则分布较少，仅占总种数的 12.56%。从不同季节大型真菌在三个海拔梯度上的分布可以看出，大型真菌在不同海拔带的发生主要集中在夏季；高海拔带大型真菌发生的季节性差异尤为明显，其中夏季发生的物种数占高海拔带总数的 78.85%。

5. 季节相关性

对不同季节发生的大型真菌物种数进行统计分析，结果显示：在统计的 414 种菌类中，春季（3—5 月）发生的大型真菌有 31 种，夏季（6—8 月）发生的大型真菌有 274 种，秋季（9—11 月）发生的大型真菌有 109 种。可以看出，在这三个季节中，大型真菌的发生在夏季尤为突出，发生物种数占总种数的 66.18%；在秋季发生的次之，占总种数的 26.33%；春季发生的相对较少，仅占总种数的 7.49%。

从科级水平来看，78 科在这三个季节都有发生的共 18 科，占总科数的 23.08%。这 18 科分别是蘑菇科（Agaricaceae）、绿杯盘菌科（Chlorociboriaceae）、粉褶蕈科（Entolomataceae）、拟层孔菌科（Fomitopsidaceae）、刺革菌科（Hymenochaetaceae）、小皮伞科（Marasmiaceae）、干朽菌科（Meruliaceae）、小菇科（Mycenaceae）、类脐菇科（Omphalotaceae）、鬼笔科（Phallaceae）、泡头菌科（Physalacriaceae）、侧耳科（Pleurotaceae）、多孔菌科（Polyporaceae）、小脆柄菇科（Psathyrellaceae）、火丝菌科（Pyronemataceae）、裂褶菌科（Schizophyllaceae）、硬皮马勃科（Sclerodermataceae）、韧革菌科（Stereaceae）。根据 D. Szymkiewicz 相似性系数计算，春季与夏季共有的科数为 22，相似性系数为 0.51；夏季与秋季共有的科数为 37，相似性系数为 0.67；春季与秋季共有的科数为 20，相似性系数为 0.54。可以看出，在科级水平，不同季节之间大型真菌发生的相似性较高，其中夏季与秋季相似性最高。

从属级水平来看，215 属在这三个季节都有发生的共 12 属，占总属数的 5.58%。这 12 属分别是刺革菌属（Hymenochaete）、小皮伞属（Marasmius）、小菇属（Mycena）、射脉菌属（Phlebia）、鳞伞菌属（Pholiota）、侧耳属（Pleurotus）、多孔菌属（Polyporus）、裂褶菌属（Schizophyllum）、硬皮马勃属（Scleroderma）、韧革菌属（Stereum）、栓孔菌属（Trametes）、趋木菌属（Xylobolus）。除硬皮马勃属外，其余 11 属均以腐生生活为主，这与阴条岭自然保护区林下枯枝落叶常年堆积有直接关系。根据 D. Szymkiewicz 相似性系数计算，春季与夏季共有的属数为 23，相似性系数为 0.26；夏季与秋季共有的属数为 44，相似性系数为 0.39；春季与秋季共有的属数为 19，相似性系数为 0.30。可以看出，在属级水平，不同季节之间大型真菌发生的相似性较低，大型真菌的发生季节性差异较为明显。

6. 资源价值

阴条岭自然保护区可食用的大型真菌有 113 种，占总种数的 27.29%，包括常见的金针菇（*Flammulina velutipes*）、平菇（*Pleurotus ostreatus*）和羊肚菌（*Morchella esculenta*），以及常见野生食用菌种类如变绿红菇（*Russula virescens*）、中华干蘑（*Xerula sinopudens*）等，还发现了较为稀少的知名食用菌猴头菇（*Hericium erinaceus*）。还有一些大型真菌在成熟前后可食性会发生变化，即未成熟前可食，成熟后有毒性，这类食用菌包括白小鬼伞（*Coprinellus disseminatus*）、橙色亚齿菌（*Hydnellum aurantiacum*）等。

阴条岭自然保护区可药用的大型真菌有 70 种，占总种数的 16.91%，包括蛾蛹虫草（*Cordyceps polyarthra*）、下垂线虫草（*Ophiocordyceps nutans*）、树舌灵芝（*Ganoderma applanatum*）和喜热灵芝（*Ganoderma calidophilum*）等。有些大型真菌兼具食用价值和药用价值，这类药食同源的大型真菌可为保健食品的开发提供重要原料。阴条岭自然保护区共有药食两用大型真菌 38 种，占总种数的 9.18%。

调查发现，食用药用大型真菌除上述常见的种类外，主要包括伞菌科、红菇科、乳牛肝菌科、马勃科等类群，如小灰球菌（*Bovista pusilla*）、平盖鸡油菌（*Cantharellus applanatus*）、头状秃马勃（*Calvatia craniiformis*）、网纹马勃（*Lycoperdon perlatum*）等。可以看出，阴条岭自然保护区食用药用真菌资源较为丰富，但由于人们缺乏了解，未掌握相关知识，这些食用药用菌资源还未得到合理的开发和利用。

阴条岭自然保护区有毒大型真菌有 54 种，占总种数的 13.04%。其中芥黄鹅膏（*Amanita subjunquillea*）、纹缘盔孢伞（*Galerina marginata*）、条盖盔孢伞（*Galerina sulciceps*）和亚黑红菇（*Russula subnigricans*）等属于剧毒蘑菇，在野外需格外注意，谨防误食。因此，在对阴条岭自然保护区野生食用药用大型真菌进行开发利用的同时，应注意大力向公众普及如何识别毒菌、预防毒菌中毒以及发生毒菌中毒后如何自救的知识，确保食菌安全。虽然有毒菌很危险，但有研究发现，部分有毒菌中含有的一些活性物质对某些疾病能起到一定的治疗作用，说明有毒菌具有的潜在利用价值还未得到发掘。

阴条岭自然保护区有木材腐朽菌 70 种，占总种数的 16.91%，多集中在多孔菌科，常见种类有单色下皮黑孔菌（*Cerrena unicolor*）、三色拟迷孔菌（*Daedaleopsis tricolor*）、褐小孔菌（*Microporus affinis*）和耳匙菌（*Auriscalpium vulgare*）等。同时，一些木材腐朽菌也能营寄生生活，如裂褶菌（*Schizophyllum commune*）、树舌灵芝（*Ganoderma applanatum*）等可以侵染活立木，阴条岭自然保护区应采取积极措施加以防控。此外，有些木材腐朽菌同时具有药用价值，如平滑木层孔菌（*Phellinus laevigatus*）、二形附毛菌（*Trichaptum biforme*）、鳞蜡孔菌（*Favolus squamosus*）、蹄形干酪菌（*Tyromyces lacteus*）等。

阴条岭自然保护区价值不明大型真菌有 160 种，占总种数的 38.65%。这说明阴条岭自然保护区还有很多菌类的利用价值有待进一步发掘。

7. 威胁因素分析

从阴条岭自然保护区以及周边居民在大型真菌利用方面的情况来看，各乡镇均未形成成熟的野生食用药用菌销售市场，日常售卖的食用菌也以人工种植的平菇、香菇、木耳、金针菇、茶树菇类常见食用菌为主；其他常见食用菌（主要是蜜环菌、猪苓、羊肚菌等）的利用则以自给自足为主，售卖者较少。在调查中发现，仅在香菇、羊肚菌类、易逝无环蜜环菌（假蜜环菌、苞谷菌）等常见野生食用菌多发季节，会有频繁的采食情形。除此之外，大多数常见食用药用菌类尚未受到明显的人为干扰。

相较人为采食干扰，生境退化和生境丧失是威胁大型真菌多样性的重要因素，主要是原生境植被发生改变造成的生境退化和生境丧失。由于蕨类及其他草本植物大面积生长且逐渐向林地中扩张，以及上山伐薪活动锐减后无人为活动的区域中杂草生长和蔓延迅速等因素，林地透光性、通风性极大降低，大型真菌的生存受到较大影响。此外，自然灾害的发生也会致使大型真菌的生境丧失，部分区域偶发的山石滑落等自然灾害导致山体裸露处大型真菌难以生存和繁衍。

8. 保护空缺与建议

阴条岭自然保护区应加强对部分重要物种的保护。当地居民采食和利用较多的大型真菌主要是香菇、猪苓、假蜜环菌以及羊肚菌类等具有重要食用药用价值的类群，从调查情况来看，香菇和羊肚菌类虽然是当地居民采食较多的种类，但其在自然状态下的发生量较大，不存在风险；但猪苓因被认为具有重要的食用价值、药用价值和经济价值，长期以来被过度采食，在野外发生的量已较少，应该采取积极有效措施加以保护。

加强对特有物种和近危物种的保护。通过宣传，让当地居民了解和认识阴条岭自然保护区分布的中国特有大型真菌和近危物种，号召当地居民尽量不采食这类野生大型真菌资源，以保障重点大型真菌的永续繁衍。

阴条岭自然保护区大型真菌在分布上具有一些特色和价值特征，如热带的台湾鬼笔和北方的桦拟层孔菌并存，重庆部分类群如粉褶蕈属和马鞍菌属等的集中分布，也有浅脚瓶盘菌和僧帽菇属等国内罕见物种的新分布记录；目前数据分析得出的这些问题还有待深化研究。此外，为进一步弄清阴条岭自然保护区大型真菌的资源现状，为科学保护和可持续利用奠定基础，建议开展进一步的深入研究，包括食用药用资源、特有物种资源以及专科专属的研究。同时，结合阴条岭自然保护区的科普宣教职能，开展大型真菌相关自然教学活动或研学活动，把自然保护区研究成果转化到实际应用中。

第二部分

大型真菌分类描述

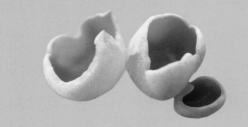

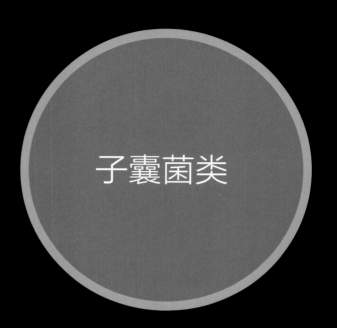

子囊菌类

子囊菌类种类不同，其生态习性也不同。有的生于林中腐木上，有的生于林内腐枝层上，有的生于土中并与树木形成菌根；虫草类真菌寄生在鳞翅目昆虫幼体或成虫上。本书子囊菌类有 19 科：地舌菌科 Geoglossaceae、绿杯盘菌科 Chlorociboriaceae、地锤菌科 Cudoniaceae、皮盘菌科 Dermateaceae、柔膜菌科 Helotiaceae、晶杯菌科 Hyaloscyphaceae、核盘菌科 Sclerotiniaceae、虫草科 Cordycipitaceae、肉座菌科 Hypocreaceae、线孢虫草科 Ophiocordycipitaceae、锤舌菌科 Leotiaceae、平盘菌科 Discinaceae、马鞍菌科 Helvellaceae、羊肚菌科 Morchellaceae、盘菌科 Pezizaceae、火丝菌科 Pyronemataceae、肉杯菌科 Sarcoscyphaceae、肉盘菌科 Sarcosomataceae、炭角菌科 Xylariaceae。

01　网孢盘菌

【拉丁学名】*Aleuria aurantia*（Pers.）Fuckel

【系统地位】子囊菌门 > 盘菌纲 > 盘菌目 > 火丝菌科 > 网孢盘菌属

【形态特征】子囊盘直径 3 ~ 6 cm，浅杯形至盘形，无柄。子实层表面橘红色至橘黄色，光滑。囊盘被颜色较淡，光滑。菌肉脆骨质。子囊（200 ~ 250）μm ×（12 ~ 16）μm，棒形，具 8 个子囊孢子，在梅氏试剂中不变色。子囊孢子（15 ~ 22）μm ×（8 ~ 12）μm，椭圆形，两端常有小尖，被网状纹。

【生态分布】夏秋季群生于阔叶树腐殖质土上，阴条岭自然保护区内阴条岭红旗管护站干河坝一带有分布，采集编号 500238MFYT0245。

【资源价值】可食用。

02　伊迈饰孢盘菌

【拉丁学名】*Aleurina imaii*（Korf）W.Y. Zhuang & Korf

【系统地位】子囊菌门 > 盘菌纲 > 盘菌目 > 火丝菌科 > 粉盘菌属

【形态特征】子囊盘直径 10 ~ 15 mm，盘状，边缘稍向上抬起，无柄。子实层表面新鲜时橄榄绿色至棕绿色，子层托表面新鲜时淡红褐色至绿褐色，表面具状突起物。囊盘被为角胞组织，淡褐色至近无色；盘下层为交错丝织；子实下层发育良好。子囊近圆柱形，有盖，基部形成产囊丝钩，具 8 个子囊孢子，在梅氏试剂中不变色。子囊（267 ~ 300）μm ×（16 ~ 19.5）μm。子囊孢子椭圆形，表面具半球形的纹饰，无色，单细胞，具 2 个油滴，在子囊中呈单列排列，多为（18 ~ 26）μm ×（9 ~ 13.5）μm。

【生态分布】夏秋季群生于阔叶树腐殖质土上，阴条岭自然保护区内千字筏一带有分布，采集编号 500238MFYT0365。

【资源价值】不明。

网孢盘菌

伊迈饰孢盘菌

03 紫色囊盘菌（杯紫胶盘菌）

【拉丁学名】*Ascocoryne cylichnium*（Tul.）Korf

【系统地位】子囊菌门 > 锤舌菌纲 > 柔膜菌目 > 柔膜菌科 > 囊盾盘菌属

【形态特征】子囊盘直径 5 ~ 22 mm，盘形至杯形或带柄的酒杯形，胶质。子实层表面暗紫褐色至带紫红的灰褐色，光滑。囊盘被外观与子实层表面相似，或色稍浅，有细绒毛。菌柄有或缺。子囊（200 ~ 230）μm×（14 ~ 16）μm。子囊孢子（18 ~ 28）μm×（4 ~ 6）μm，纺锤形，光滑，有多个小油滴，成熟时有数个横隔。分生孢子常可形成，近球形，但不成串。

【生态分布】夏秋季群生于阔叶树腐木上，阴条岭自然保护区内阴条岭一带有分布，采集编号 500238MFYT0410。

【资源价值】不明。

04 毛茛葡萄孢盘菌

【拉丁学名】*Botryotinia ranunculi* Hennebert & J.W. Groves

【系统地位】子囊菌门 > 锤舌菌纲 > 柔膜菌目 > 核盘菌科 > 葡萄孢盘菌属

【形态特征】子囊盘直径 3 ~ 7 mm，幼时浅碟形，成熟后平展，边缘常下卷，具柄。子实层表面浅棕褐色、淡黄褐色至赭色，光滑。囊盘被颜色稍深，淡黄褐色至红褐色或暗褐色。菌柄长 1 ~ 2 mm 或稍长，圆柱形，与子实层表面同色，基部颜色渐深，与黑色菌核相连。菌核（8 ~ 12）mm×（1 ~ 2）mm。子囊孢子（12 ~ 14）μm×（5.5 ~ 6.5）μm，圆形，光滑，透明，单行排列。

【生态分布】夏秋季生于潮湿的地上及腐木上，阴条岭自然保护区内红旗管护站一带有分布，采集编号 500238MFYT0335。

【资源价值】不明。

紫色囊盘菌

毛茛葡萄孢盘菌

【拉丁学名】*Calycina citrina*（Hedw.）Gray

【系统地位】子囊菌门＞锤舌菌纲＞柔膜菌目＞晶杯菌科＞小杯状盘菌属

【形态特征】子囊盘直径约3.5 mm，杯形至盘形，上、下表面均光滑；柠檬黄色至橘黄色，干后有褶皱，颜色变深。菌柄粗短或不具柄，光滑。子囊（100～135）μm×（7～10）μm。子囊孢子（8.5～14）μm×（3～5）μm，圆形，表面光滑，具油滴，成熟后常具隔。

【生态分布】夏秋季群生或聚生于阔叶树腐木上，阴条岭自然保护区内广泛分布，采集编号500238MFYT0336。

【资源价值】不明。

【拉丁学名】*Chlorociboria aeruginascens*（Nyl.）Kanouse

【系统地位】子囊菌门＞锤舌菌纲＞柔膜菌目＞绿杯盘菌科＞绿钉菌属

【形态特征】子囊盘直径3～7 mm，盘形至贝壳形。子实层表面深蓝绿色。囊盘被深绿色或稍淡，边缘稍内卷或波状，光滑。菌柄长1～5 mm，直径0.5～1 mm，常偏生至近中生。子囊（70～100）μm×（6～8）μm，近圆柱形，具8个子囊孢子，顶端遇碘变蓝。子囊孢子（6～8）μm×（1～3）μm，圆形至梭形，稍弯曲，无色，光滑。

【生态分布】夏秋季生于腐木上，生长过的木材带绿色腐朽痕迹，阴条岭自然保护区内广泛分布，采集编号500238MFYT0263。

【资源价值】不明。

子囊菌类

橘色小双孢盘菌

小孢绿杯盘菌

07　叶状复柄盘菌（叶状耳盘菌　假木耳）

【拉丁学名】_Cordierites frondosus_（Kobayasi）Korf

【系统地位】子囊菌门 > 锤舌菌纲 > 柔膜菌目 > 柔膜菌科 > 耳形盘菌属

【形态特征】子囊盘直径 1.5 ~ 3 cm，花瓣状、盘形或浅杯形，边缘波状。子实层表面近光滑。囊盘被有褶皱，黑褐色至黑色，由多片叶状瓣片组成，干后墨黑色，脆而坚硬。具短柄或不具柄。子囊（43 ~ 48）μm ×（3 ~ 5）μm，细长，棒形。子囊孢子（5.5 ~ 7）μm ×（1 ~ 1.5）μm，稍弯曲，近短柱形，无色，平滑。

【生态分布】夏秋季群生于阔叶树倒木或腐木上，阴条岭自然保护区内林口子至鬼门关一带有分布，采集编号 500238MFYT0325。

【资源价值】有毒，表现为日光性皮炎；因形似木耳，食用须谨慎。

08　鲜红虫草

【拉丁学名】_Cordyceps cardinalis_ G.H. Sung & Spatafora

【系统地位】子囊菌门 > 粪壳菌纲 > 肉座菌目 > 虫草菌科 > 虫草菌属

【形态特征】子座总长 2.5 ~ 3 cm，从寄主腹部长出。可育部分长 0.7 ~ 1 cm，直径 2 ~ 3 mm，圆柱形，橙红色至橙黄色；不育菌柄长 1.5 ~ 2 mm，直径 1.5 ~ 2 mm，颜色渐浅，橙黄色至黄色。子囊壳（450 ~ 550）μm ×（200 ~ 270）μm，瓶形至卵形，垂直半埋生。子囊（250 ~ 320）μm ×（3.5 ~ 4）μm，线形。子囊帽直径（2.9 ~ 3.2）μm。子囊孢子（240 ~ 300）μm ×（1 ~ 1.5）μm，线形，不断裂，有隔。

【生态分布】单生于灯蛾幼虫上，阴条岭自然保护区内林口子至转坪一带有分布，采集编号 500238MFYT0034。

【资源价值】不明。

叶状复柄盘菌

鲜红虫草

09 勿忘虫草

【拉丁学名】*Cordyceps memorabilis*（Ces.）Ces.

【系统地位】子囊菌门 > 粪壳菌纲 > 肉座菌目 > 虫草菌科 > 虫草菌属

【形态特征】子座长 13 ~ 25 mm，可由寄主的任何部位长出，不分枝或偶二叉分枝，直立至稍弯曲，肉质至纤维质。可育部分长 10 ~ 20 mm，直径 2 ~ 2.5 mm，圆柱形，等粗，长满表生、褐色的子囊壳。不育菌柄短，长 3 ~ 5 mm，直径 0.5 ~ 1.5 mm。子囊壳（250 ~ 330）μm ×（200 ~ 250）μm，梨形褐色。子囊（100 ~ 120）μm ×（4 ~ 5）μm，圆柱形。子囊孢子（100 ~ 110）μm ×（1 ~ 1.5）μm，线形。

该物种无性型为粉棒束孢 *Isaria farinosa*，较为常见。孢梗束群生或近丛生于寄生昆虫上，虫体被白色基质菌丝包裹。孢梗束高 15 ~ 40 mm，直径 1 ~ 1.5 mm，不分枝，或偶有分枝，直立。上部长分生孢子部分白色，粉末状。不育部分蛋壳色、橙黄色至米黄色，光滑。分生孢子梗（13 ~ 20）μm ×（2 ~ 2.5）μm。分生孢子（2 ~ 3.5）μm ×（1 ~ 1.5）μm，近球形至宽圆形。

【生态分布】生于双翅目昆虫幼虫及鳞翅目昆虫虫蛹上，阴条岭自然保护区内林口子一带有分布，采集编号 500238MFYT0212。

【资源价值】可药用。

10 蛾蛹虫草（无性型）

【拉丁学名】*Cordyceps polyarthra* Möller

【系统地位】子囊菌门 > 粪壳菌纲 > 肉座菌目 > 虫草菌科 > 虫草菌属

【形态特征】无性分生孢子体生于蛾蛹上，由多根孢梗束组成。虫体被灰白色或白色菌丝包被。孢梗束高 2 ~ 3.8 cm，群生或近丛生，常有分枝。孢梗束柄纤细，黄白色、浅青黄色、蛋壳色至米黄色，部分偶带淡褐色，光滑。上部多分枝，白色，粉末状。分生孢子（2 ~ 3）μm ×（1.5 ~ 2）μm，近球形至宽圆形。

【生态分布】生于林中枯枝落叶层或地下蛾蛹等上，阴条岭自然保护区内阴条岭一带有分布，采集编号 500238MFYT0108。

【资源价值】不明。

子囊菌类

勿忘虫草

蛾蛹虫草

11 黑轮层炭壳

【拉丁学名】*Daldinia concentrica*（Bolton）Ces. & De Not.

【系统地位】子囊菌门 > 粪壳菌纲 > 炭角菌目 > 炭角菌科 > 轮层炭壳菌属

【形态特征】子座直径 2～8 cm，高 26 cm，扁球形至不规则马铃薯形，多群生或相互连接，初褐色至暗紫红褐色，后黑褐色至黑色，近光滑，光滑处常反光，成熟时出现不明显的子囊壳孔口。子座内部木炭质，剖面有黑白相间或部分几乎全黑色至紫蓝黑色的同心环纹。子囊壳埋生于子座外层，往往有点状的小孔口。子囊（150～200）μm×（10～12）μm。子囊孢子（12～17）μm×（6～8.5）μm，近圆形或近肾形，光滑，暗褐色。

【生态分布】夏秋季群生于阔叶树腐木上，为我国常见的物种，在阴条岭自然保护区内广泛分布，采集编号 500238MFYT0020。

【资源价值】可药用。

12 肋状皱盘菌

【拉丁学名】*Disciotis venosa*（Pers.）Arnould

【系统地位】子囊菌门 > 盘菌纲 > 盘菌目 > 羊肚菌科 > 皱盘菌属

【形态特征】子囊盘中等或较大，呈盘状，褐色，有肋状皱纹。子囊盘直径 4～15 cm，最大可达 20 cm，浅盘状。初期边缘向内卷，然后开展或波状，暗褐色，具脉纹状隆起。子囊盘下面苍白色有绒毛。菌柄很短且粗，有沟槽。菌肉质地脆。子囊 320 μm×20 μm。子囊孢子（9～25）μm×（12～15）μm，宽椭圆形，光滑，近无色。

【生态分布】春夏季单生于林地边缘，阴条岭自然保护区内干河坝一带有分布，采集编号 500238MFYT0226。

【资源价值】可食用，味好，但在生吃或加工不充分熟的情况下，会引起中毒。

子囊菌类

黑轮层炭壳

肋状皱盘菌

13 黑地舌菌

【拉丁学名】*Geoglossum nigritum*（Pers.）Cooke

【系统地位】子囊菌门 > 地舌菌纲 > 地舌菌目 > 地舌菌科 > 地舌菌属

【形态特征】子实体高 5 ~ 8 cm，单生，黑色，具细长柄。可育部分高度为子实体总高的 1/3 ~ 1/2，长舌形至舌形，扁平，最宽处横切面（2 ~ 5）μm×（1 ~ 1.5）mm，顶端及四周可育。不育菌柄直径 1 ~ 2 mm，近圆柱形。子囊（173 ~ 245）μm×（17 ~ 20）μm，长棒形，具 8 个子囊孢子，幼嫩时无色，成熟后褐色。子囊孢子（77 ~ 93）μm×（5 ~ 6）μm，棒形至圆柱形，下端稍窄，多具 7 个隔膜，初无色，后褐色。

【生态分布】夏秋季腐生于针阔混交林苔藓丛中，阴条岭自然保护区内千字筏一带有分布，采集编号 500238MFYT0284。

【资源价值】不明。

14 钩基鹿花菌（赭鹿花菌）

【拉丁学名】*Paragyromitra infula*（Schaeff.）X.C. Wang & W.Y. Zhuang

【系统地位】子囊菌门 > 盘菌纲 > 盘菌目 > 平盘菌科 > 鹿花菌属

【形态特征】子实体中等大；菌盖呈马鞍状，5 ~ 8 cm，表面往往多皱，粗糙，褐色或红褐色。菌柄污白或稍带粉红色，表面粗糙并有凹窝，长 3 ~ 8 cm，直径 1 ~ 2 cm。子囊圆柱形，（165 ~ 220）μm×（12 ~ 15）μm。子囊孢子单行排列或上部双行，椭圆形，近无色，含 2 个油滴，壁厚，（16 ~ 20）μm×（8 ~ 10）μm。侧丝浅褐色，顶端膨大，具分隔及少数分枝，直径 9 ~ 10 μm。

【生态分布】夏秋季单生或群生于林地或腐木上，阴条岭自然保护区内转坪至阴条岭一带有分布，采集编号 500238MFYT0340。

【资源价值】有毒，该菌毒素与鹿花菌相同，中毒后主要表现为溶血症状。

黑地舌菌

钩基鹿花菌

15 小白马鞍菌

【拉丁学名】*Helvella albella* Quél.

【系统地位】子囊菌门 > 盘菌纲 > 盘菌目 > 马鞍菌科 > 马鞍菌属

【形态特征】子囊盘直径 1 ~ 6 cm，马鞍形至不规则形，白色。子实层表面平滑，边缘与菌柄分离。菌柄长 2 ~ 11 cm，直径 0.5 ~ 1 cm，圆柱形，白色、灰白色至白色。子囊具 8 个子囊孢子，单行排列。子囊孢子（18 ~ 24）μm ×（11.5 ~ 15）μm，椭圆形，无色，具 1 个油滴，光滑。

【生态分布】夏秋季生于林中地上，阴条岭自然保护区内林口子、蛇梁子一带有分布，采集编号 500238MFYT0095。

【资源价值】不明。

16 皱马鞍菌（皱柄白马鞍菌）

【拉丁学名】*Helvella crispa*（Scop.）Fr.

【系统地位】子囊菌门 > 盘菌纲 > 盘菌目 > 马鞍菌科 > 马鞍菌属

【形态特征】子囊盘直径 2 ~ 4 cm，马鞍形，成熟后常呈不规则瓣片状，白色到淡黄色，有时带灰色，边缘与柄不相连。子实层生于菌盖上表面，光滑，常有褶皱。菌柄长 5 ~ 6 cm，直径 1 ~ 2 cm，有纵棱及深槽形陷坑，棱脊缘窄而往往交织，与菌盖同色。子囊孢子（14 ~ 20）μm ×（10 ~ 15）μm，宽圆形，光滑至粗糙，无色。

【生态分布】夏秋季单生或群生于林地上，阴条岭自然保护区内大官山一带有分布，采集编号 500238MFYT0154。

【资源价值】可食用。

子囊菌类

小白马鞍菌

皱马鞍菌

17 碗马鞍菌

【拉丁学名】*Helvella cupuliformis* Dissing & Nannf.

【系统地位】子囊菌门 > 盘菌纲 > 盘菌目 > 马鞍菌科 > 马鞍菌属

【形态特征】子实体小；菌盖杯状或圆盘状，有时表面扁平，直径 0.5 ~ 3.5 cm，浅灰色至浅灰褐色，表面平滑，边缘与柄分离；背面有细毛。菌柄圆柱形，长 0.2 ~ 3 cm，宽 0.2 ~ 0.8 cm，上下近等粗，带白色。子囊孢子无色，含 1 个大油滴，光滑，椭圆形，（16 ~ 21）μm ×（11 ~ 13）μm。

【生态分布】夏秋季单生或群生于林地上，阴条岭自然保护区内转坪至阴条岭一带有分布，采集编号 500238MFYT0353。

【资源价值】不明。

18 迪氏马鞍菌

【拉丁学名】*Helvella dissingii* Korf

【系统地位】子囊菌门 > 盘菌纲 > 盘菌目 > 马鞍菌科 > 马鞍菌属

【形态特征】子囊盘直径 3 ~ 4.5 cm，不规则盘形或近马鞍形，边缘弯曲，具轻微的缺口或裂缝。子实层表面平滑，深灰色或灰褐色。囊盘被及边缘有近麸状的小鳞片，有毛，与子实层表面同色至浅灰褐色。菌柄长 1 ~ 1.5 cm，直径 3 ~ 5 mm，圆柱形，少有纵沟，白色至米色，光滑，上端有近麸状的小鳞片。子囊（230 ~ 300）μm ×（12 ~ 14）μm，具 8 个子囊孢子。子囊孢子（17.5 ~ 18）μm ×（10 ~ 12.5）μm，宽圆形，光滑，具油滴。

【生态分布】夏秋季单生于林地上，阴条岭自然保护区内林口子一带有分布，采集编号 500238MFYT0006。

【资源价值】不明。

碗马鞍菌

迪氏马鞍菌

19　马鞍菌

【拉丁学名】*Helvella elastica* Bull.

【系统地位】子囊菌门 > 盘菌纲 > 盘菌目 > 马鞍菌科 > 马鞍菌属

【形态特征】子囊盘直径 2 ~ 4.5 cm，马鞍形，蛋壳色、灰蜡黄色至灰褐色或近黑色。子实层表面平滑，常卷曲，边缘与菌柄分离。菌柄长 4 ~ 10 cm，直径 0.6 ~ 1 cm，圆柱形，白色，成熟后渐变蛋壳色、灰白色至灰色。子囊（200 ~ 280）μm×（15 ~ 20）μm，具 8 个子囊孢子，单行排列。子囊孢子（17 ~ 22）μm×（10 ~ 14）μm，椭圆形，无色，具 1 个油滴，光滑至稍粗糙。

【生态分布】夏秋季生于林中地上，阴条岭自然保护区内林口子一带有分布，采集编号500238MFYT0002。

【资源价值】不明。

20　大柄马鞍菌（灰长柄马鞍菌）

【拉丁学名】*Helvella macropus*（Pers.）P. Karst.

【系统地位】子囊菌门 > 盘菌纲 > 盘菌目 > 马鞍菌科 > 马鞍菌属

【形态特征】子囊盘直径 1.5 ~ 2.7 cm，碟形。子实层表面光滑，灰色至棕灰色。囊盘被与边缘具明显绒毛，与子实层表面同色或颜色略浅。菌柄长 2 ~ 5 cm，直径 2 ~ 5 mm，圆柱形，向下渐粗，具绒毛，与囊盘被同色。子囊（220 ~ 350）μm×（15 ~ 20）μm，具 8 个子囊孢子。子囊孢子（20 ~ 26）μm×（10 ~ 12）μm，圆形或梭形，表面常具麻点，通常具 1 个大油滴和 2 个分布于两端的小油滴。

【生态分布】夏秋季单生或散生于林中地上，阴条岭自然保护区内阴条岭一带有分布，采集编号500238MFYT0149。

【资源价值】不明。

马鞍菌

大柄马鞍菌

21　小马鞍菌

【拉丁学名】*Helvella pulla* Schaeff.

【系统地位】子囊菌门 > 盘菌纲 > 盘菌目 > 马鞍菌科 > 马鞍菌属

【形态特征】子囊盘直径 1 ~ 2 cm，马鞍形，灰色至灰褐色，表面光滑。菌柄长 2 ~ 4 cm，直径 0.4 ~ 0.6 cm，白色至灰白色，圆柱形。子囊（220 ~ 300）μm ×（16 ~ 20）μm，圆柱形，具 8 个子囊孢子。子囊孢子（15 ~ 20）μm ×（12 ~ 15）μm，宽圆形，无色，光滑，侧丝顶端膨大呈棒状。

【生态分布】夏秋季单生或散生于林中地上，阴条岭自然保护区内击鼓坪至转坪一带有分布，采集编号 500238MFYT0155。

【资源价值】不明。

22　半球土盘菌

【拉丁学名】*Humaria hemisphaerica*（F.H. Wigg.）Fuckel

【系统地位】子囊菌门 > 盘菌纲 > 盘菌目 > 火丝菌科 > 土盾盘菌属

【形态特征】子囊盘直径 0.8 ~ 2 cm，深杯形至碗形，无柄，边缘具毛。子实层表面白色至灰白色。囊盘被淡褐色，被 90 ~ 700 μm 长的绒毛或粗毛，褐色至淡褐色，具分隔。子囊（230 ~ 310）μm ×（18 ~ 21）μm，近圆柱形，有囊盖，具 8 个子囊孢子。子囊孢子（18 ~ 25）μm ×（10 ~ 14）μm，圆形，具 2 个油滴，表面有疣状纹。

【生态分布】夏秋季生于林中地上，阴条岭自然保护区内击鼓坪至转坪一带有分布，采集编号 500238MFYT0151。

【资源价值】不明。

小马鞍菌

半球土盘菌

23 橘色层杯菌

【拉丁学名】*Hymenoscyphus serotinus*（Pers.）W. Phillips

【系统地位】子囊菌门 > 锤舌菌纲 > 柔膜菌目 > 柔膜菌科 > 层杯菌属

【形态特征】子囊盘直径 1 ~ 6 mm，浅圆盘形，黄色至橘红色；有柄，柄长 0.5 ~ 5.0 mm，宽 0.1 ~ 0.5 mm，浅乳黄色，向基部色浅。子囊近棒形，（126 ~ 155）μm×（9 ~ 13）μm，无色透明，内有 8 个子囊孢子。子囊孢子梭形，（25 ~ 38）μm×（4 ~ 5）μm，无隔，内含油球，双行螺旋排列。

【生态分布】夏秋季生于林中腐木上，阴条岭自然保护区内林口子一带有分布，采集编号 500238MFYT0082。

【资源价值】不明。

24 大孢菌寄生

【拉丁学名】*Hypomyces macrosporus* Seaver

【系统地位】子囊菌门 > 粪壳菌纲 > 肉座菌目 > 肉座菌科 > 菌寄生属

【形态特征】菌丝层白色至米黄色，子囊壳埋生于菌丝层中，聚生，近球形至梨形或烧瓶状，仅乳突可见，橙黄色至橙红色或红褐色。子囊壳壁单层，为矩胞组织。子囊近圆柱形，顶部加厚，内有 8 个子囊孢子，（112 ~ 200）μm×（4.5 ~ 10）μm。子囊孢子梭形，无色，具 1 个分隔，末端具细尖，两端细胞对称，表面具疣状物，在子囊中呈单列排列，（17.5 ~ 37.5）μm×（5 ~ 9）μm。

【生态分布】夏秋季寄生于红菇科真菌上，阴条岭自然保护区内林口子一带有分布，采集编号 500238MFYT0083。

【资源价值】不明。

子囊菌类

橘色层杯菌

大孢菌寄生

25 润滑锤舌菌

【拉丁学名】 *Leotia lubrica*（Scop.）Pers.

【系统地位】 子囊菌门 > 锤舌菌纲 > 锤舌菌目 > 锤舌菌科 > 锤舌菌属

【形态特征】 子囊盘直径 8 ~ 15 mm，帽形至扁半球形。子实层表面近橄榄色，有不规则皱纹，老后带暗绿色。菌柄长 2 ~ 5 cm，直径 2 ~ 4 mm，近圆柱形，稍黏，黄色至橙黄色，被同色细小鳞片。子囊（110 ~ 130）μm×（9 ~ 11）μm，具 8 个子囊孢子；顶端壁加厚但不为淀粉质。子囊孢子（16 ~ 20）μm×（4.5 ~ 5.5）μm，长梭形，两侧不对称，表面光滑，无色。

【生态分布】 夏秋季群生或丛生于阴湿林缘地上，阴条岭自然保护区内击鼓坪至转坪一带有分布，采集编号 500238MFYT0095。

【资源价值】 不明。

26 绿小舌菌

【拉丁学名】 *Microglossum viride*（Schrad. ex J.F. Gmel.）Gillet

【系统地位】 子囊菌门 > 地舌菌纲 > 地舌菌目 > 地舌菌科 > 小舌菌属

【形态特征】 子实体高 1.5 ~ 4.5 cm，淡绿色，具棒状柄。可育部分高度为总高的 1/2 ~ 2/3，最初呈圆筒状，后期扁平或棱柱形，光滑，中央有 1 条纵向的凹槽，最宽处横切面 1 ~ 6 mm，顶端及四周可育。不育菌柄直径 1 ~ 3 mm，近圆柱形，下面有暗绿色的毛簇和鳞片，部分老后变光滑。子囊长棒形，具 8 个子囊孢子，子囊孢子（17 ~ 22）μm×（4 ~ 5）μm，纺锤形至近尿囊形，光滑，无色。

【生态分布】 夏秋季腐生于阔叶林下草丛中，阴条岭自然保护区内转坪和红旗管护站一带有分布，采集编号 500238MFYT0165。

【资源价值】 不明。

子囊菌类

润滑锤舌菌

绿小舌菌

子囊菌类

【拉丁学名】*Microstoma floccosum*（Sacc.）Raitv.

【系统地位】子囊菌门 > 盘菌纲 > 盘菌目 > 肉杯菌科 > 小口盘菌属

【形态特征】子囊盘直径 3 ~ 7 mm，杯形、深杯形至漏斗形。子实层表面肉黄色、粉黄色、淡橙褐色、粉红色至鲜红色。囊盘被颜色较淡，被白色绒毛。菌柄长 0.2 ~ 2 cm，直径 1 ~ 2 mm，污白色，被白色绒毛。子囊（230 ~ 280）μm ×（15 ~ 23）μm，具 8 个子囊孢子。子囊孢子（20 ~ 36）μm ×（11 ~ 17）μm，圆形，表面平滑。

【生态分布】夏秋季生于林中腐木上，阴条岭自然保护区内阴条岭一带有分布，采集编号 500238MFYT0414。

【资源价值】不明。

【拉丁学名】*Mollisia cinerea*（Batsch）P. Karst.

【系统地位】子囊菌门 > 锤舌菌纲 > 柔膜菌目 > 皮盘菌科 > 暗皮盘菌属

【形态特征】子囊盘直径 5 ~ 15 mm，幼时杯形，后平展。子实层表面灰白色、灰色至灰色，边缘幼时发白，下表面具绒毛，棕灰色，无柄，基部有时有菌丝缠绕。子囊（50 ~ 70）μm ×（5 ~ 6）μm，具 8 个子囊孢子。子囊孢子（7 ~ 9）μm ×（2 ~ 2.5）μm，圆形，有时稍弯曲，光滑，透明，常具油滴。

【生态分布】夏秋季群生于腐木上，阴条岭自然保护区内鬼门关至击鼓坪一带有分布，采集编号 500238MFYT0110。

【资源价值】不明。

子囊菌类

白毛小口盘菌

灰软盘菌

29　羊肚菌

【拉丁学名】*Morchella esculenta*（L.）Pers.

【系统地位】子囊菌门 > 盘菌纲 > 盘菌目 > 羊肚菌科 > 羊肚菌属

【形态特征】子实体高 6 ~ 14.5 cm。菌盖长 4 ~ 6 cm，直径 4 ~ 6 cm，不规则圆形、长圆形，表面形成许多凹坑，似羊肚状，淡黄褐色。菌柄长 5 ~ 7 cm，直径 2 ~ 2.5 cm，白色，有浅纵沟，基部稍膨大。子囊（200 ~ 300）μm×（18 ~ 22）μm，具 8 个子囊孢子，单行排列，宽椭圆形。子囊孢子（20 ~ 24）μm×（12 ~ 15）μm，侧丝顶端膨大，有时有隔。

【生态分布】春夏季生于阔叶林或高山草甸腐殖质土上，阴条岭自然保护区内千字筏、大官山一带有分布，采集编号 500238MFYT0225。

【资源价值】可食用，美味食用菌。

30　梯纹羊肚菌

【拉丁学名】*Morchella importuna* M. Kuo，O'Donnell & T.J. Volk

【系统地位】子囊菌门 > 盘菌纲 > 盘菌目 > 羊肚菌科 > 羊肚菌属

【形态特征】子实体高 6 ~ 20 cm，直径 3 ~ 7 cm。子囊盘钝锥形，纵脊近平行，横脊与纵脊近垂直，呈梯状，近黑色。子实层表面黄褐色，下陷。菌柄长 3 ~ 10 cm，直径 2 ~ 5 cm，近棒形，污白色，被白色绒毛。子囊（200 ~ 300）μm×（15 ~ 25）μm，具 8 个子囊孢子。子囊孢子（18 ~ 24）μm×（10 ~ 13）μm，椭圆形，表面平滑。

【生态分布】春夏季生于阔叶林或竹林腐殖质土上，阴条岭自然保护区内林口子和击鼓坪一带有分布，采集编号 500238MFYT0224。

【资源价值】可食用；可人工栽培。

子囊菌类

羊肚菌

梯纹羊肚菌

31 下垂线虫草

【拉丁学名】*Ophiocordyceps nutans*（Pat.）G.H. Sung，J.M. Sung，Hywel-Jones & Spatafora

【系统地位】子囊菌门 > 粪壳菌纲 > 肉座菌目 > 线孢虫草菌科 > 线虫草菌属

【形态特征】子座单生，偶尔 2 ~ 3 根，从寄主胸侧长出。地上部长 3.5 ~ 13 cm，分为头部和柄部。头部长 0.4 ~ 1.1 cm，直径 1 ~ 2 mm，长圆形至短圆柱形，新鲜时橙红色或橙黄色，随着成熟逐渐褪至呈黄色，最后浅黄色，老熟后下垂。菌柄长 3 ~ 10 cm，不规则弯曲，纤维状肉质，黑色至黑褐色，有金属光泽，外皮与内部组织间有空隙，内部为白色。子囊孢子线形，无色，薄壁，光滑，成熟后断裂形成分孢子。分孢子（8 ~ 10）μm ×（1.4 ~ 2）μm，短圆柱形。

【生态分布】秋季生于半翅目蝽科昆虫成虫上，多出现于林地枯枝落叶层，阴条岭自然保护区内林口子至击鼓坪一带有分布，采集编号 500238MFYT0008。

【资源价值】可药用。

32 近紫侧盘菌

【拉丁学名】*Otidea subpurpurea* W.Y. Zhuang

【系统地位】子囊菌门 > 盘菌纲 > 盘菌目 > 火丝菌科 > 侧盘菌属

【形态特征】子囊盘直径 3 ~ 4 cm，杯形，端口多少平截，一侧纵向深裂。子实层表面蜡黄色。囊盘被紫灰色，被稀疏颗粒。菌柄长 1 ~ 2 cm，直径 7 ~ 15 mm，短粗，蜡黄色至污白色，空心。子囊（130 ~ 180）μm ×（8 ~ 10）μm，近圆柱形，具 8 个子囊孢子。子囊孢子（10 ~ 12）μm ×（5 ~ 6.5）μm，圆形，表面光滑。

【生态分布】夏秋季生于林中地上，阴条岭自然保护区内干河坝一带有分布，采集编号 500238MFYT0257。

【资源价值】不明。

下垂线虫草

近紫侧盘菌

33 云南侧盘菌

【拉丁学名】*Otidea yunnanensis*（B. Liu & J. Z. Cao）W.Y. Zhuang & C.Y. Liu

【系统地位】子囊菌门 > 盘菌纲 > 盘菌目 > 火丝菌科 > 侧盘菌属

【形态特征】子囊盘直径 1 ~ 2.5 cm，杯形，端口多少平截，一侧纵向深裂。子实层表面乳白色、淡米黄色至蜡黄色。囊盘被蜡黄色，密被褐色颗粒。菌柄长 1.8 ~ 2.5 cm，直径 4 ~ 6 mm，灰白褐色至淡灰色，有绒毛。子囊（220 ~ 250）μm×（9 ~ 13）μm，近圆柱形，有囊盖，具 8 个子囊孢子，在梅氏试剂中不变色。子囊孢子（16 ~ 20）μm×（8 ~ 610）μm，椭圆形，表面有小刺。

【生态分布】夏秋季生于林中地上，阴条岭自然保护区内干河坝一带有分布，采集编号 500238MFYT0145。

【资源价值】不明。

34 泡质盘菌

【拉丁学名】*Peziza vesiculosa* Pers.

【系统地位】子囊菌门 > 盘菌纲 > 盘菌目 > 盘菌科 > 盘菌属

【形态特征】子囊盘直径 1.5 ~ 5.5 cm，有时可达 10 cm，幼时近球形至不规则碗形，后伸展成不规则碗形至近盘形。子实层表面近白色，逐渐变为淡棕色，外部白色，有粉状物。菌肉厚可达 2 ~ 3.5 mm，质脆，白色。无菌柄。子囊（255 ~ 335）μm×（14.5 ~ 25）μm。子囊孢子（15 ~ 25）μm×（8 ~ 15）μm，光滑，无油滴，无色，单行排列。

【生态分布】夏秋季生于阔叶林或竹林中肥沃腐殖质土上，阴条岭自然保护区内阴条岭一带有分布，采集编号 500238MFYT0123。

【资源价值】记载可食用，食用须谨慎。

子囊菌类

云南侧盘菌

泡质盘菌

【拉丁学名】 *Plectania platensis*（Speg.）Rifai

【系统地位】 子囊菌门 > 盘菌纲 > 盘菌目 > 肉盘菌科 > 暗盘菌属

【形态特征】 子囊盘直径 5 ~ 7 mm，盘状，无柄，干后边缘内卷，基部有毛状物。子实层表面干黑色，子实层托干后与子实层表面同色，表面皱褶，被褐色毛状物。外囊盘被为角胞组织，厚 200 ~ 230 μm；盘下层为交错丝组线，厚 460 ~ 480 μm。子囊具 8 个子囊孢子，近圆柱形。子囊孢子为不对称的扁椭圆形（厚度与宽度不同），一侧平，另一侧具 8 ~ 12 条肋状横纹，在子囊中单列排列，无色，幼小时具许多小油滴，（18 ~ 22）μm ×（10 ~ 12）μm。

【生态分布】 夏秋季群生于林中腐木上，阴条岭自然保护区内转坪和红旗管护站一带有分布，采集编号 500238MFYT0187。

【资源价值】 不明。

【拉丁学名】 *Rhodoscypha ovilla*（Peck）Dissing & Sivertsen

【系统地位】 子囊菌门 > 盘菌纲 > 盘菌目 > 火丝菌科 > 瑰丽盘菌属

【形态特征】 子囊盘幼小时深杯状具一个很小的开口，成熟时杯状，边缘有不规则的齿裂，直径 4 ~ 12 mm，无柄，子实层表面新鲜时粉色至带粉色的橙色，子层托表面新鲜时较子实层色稍淡，表面呈霜状；菌丝延伸物自外囊盘被的表层细胞产生，近圆柱形直立或稍扭曲，无色，具分隔，壁厚并具强折射性，表面平滑。外囊盘被为交错丝组织，盘下层为交错丝组织，子实下层分化不明显。子囊近圆柱形，带有一个窄的基部，具 8 个子囊孢子，在梅氏试剂中不变色，直径 18 ~ 22 μm。子囊孢子梭形至阔梭形，（31 ~ 39）μm ×（10.7 ~ 14）μm，表面具细小的疣状纹饰，无色，单细胞，具 2 个油滴，在子囊中呈单列排列。

【生态分布】 夏秋季群生于阔叶树腐殖质土上，阴条岭自然保护区内大官山一带有分布，采集编号 500238MFYT0314。

【资源价值】 不明。

普拉塔暗盘菌

瑰丽盘菌

子囊菌类

37 平盘肉杯菌

【拉丁学名】*Sarcoscypha mesocyatha* F.A. Harr.

【系统地位】子囊菌门 > 盘菌纲 > 盘菌目 > 肉杯菌科 > 肉杯菌属

【形态特征】子囊盘直径 1 ～ 3 cm，盘形，无柄至近无柄。子实层表面猩红色至深红色。囊盘被颜色较淡。外囊盘被为矩胞组织至薄壁丝组织，盘下层为交错丝组织。子囊（210 ～ 280）μm ×（11 ～ 13）μm，近圆形，具 8 个子囊孢子，在梅氏试剂中不变色。子囊孢子（20 ～ 28）μm ×（8 ～ 11）μm，圆形至矩圆形，两端常深陷，表面平滑。

【生态分布】夏秋季单生于林中腐木上，阴条岭自然保护区内林口子一带有分布，采集编号500238MFYT0015。

【资源价值】不明。

38 西方肉杯菌（小红肉杯菌）

【拉丁学名】*Sarcoscypha occidentalis*（Schwein.）Sacc.

【系统地位】子囊菌门 > 盘菌纲 > 盘菌目 > 肉杯菌科 > 肉杯菌属

【形态特征】子囊盘直径 0.5 ～ 2 cm，初期至后期漏斗形。子实层表面橘黄色至鲜红色，外侧白色，具很细的绒毛。菌柄长 0.2 ～ 1.5 cm，白色，有时偏生。子囊圆柱形，（390 ～ 420）μm ×（12 ～ 15）μm，向基部渐变细，具 8 个子囊孢子，单行排列。子囊孢子（15 ～ 22）μm ×（8 ～ 12）μm，椭圆形，无色光滑，有颗粒状内含物。

【生态分布】夏秋季单生或群生于林中腐木上，阴条岭自然保护区内林口子一带有分布，采集编号500238MFYT0355。

【资源价值】不明。

平盘肉杯菌

西方肉杯菌

39 克地盾盘菌小孢变种

【拉丁学名】*Scutellinia kerguelensis* var. *microspora* W.Y. Zhuang

【系统地位】子囊菌门 > 盘菌纲 > 盘菌目 > 火丝菌科 > 盾盘菌属

【形态特征】子囊盘直径 3 ~ 5 mm，盘形。子实层表面橘红色至橘黄色。囊盘被淡橘红色，边缘被暗褐色硬毛。毛长 200 ~ 500 μm，具分隔。子囊（230 ~ 280）μm×（18 ~ 25）μm，有囊盖，具 8 个子囊孢子。子囊孢子（17 ~ 25）μm×（12 ~ 17）μm，宽椭圆形，表面具细状纹。

【生态分布】夏秋季生于阔叶林林中腐木或枯枝上，阴条岭自然保护区内广泛分布，采集编号 500238MFYT0005。

【资源价值】不明。

40 地匙菌（黄地勺菌）

【拉丁学名】*Spathularia flavida* Pers.

【系统地位】子囊菌门 > 锤舌菌纲 > 柔膜菌目 > 地锤菌科 > 地匙菌属

【形态特征】子实体直径 1 ~ 2.5 cm，匙形至近扇形。可育部分生于柄上部，扁平，淡黄色至黄色。菌柄长 1 ~ 3 cm，直径 2 ~ 4 mm，近圆柱形或向下变细，污白色至米色。子囊（90 ~ 120）μm×（10 ~ 13）μm，近棒形，基部变细，具 8 个子囊孢子。子囊孢子（35 ~ 50）μm×（2 ~ 3）μm，针形，外表被胶样物质。

【生态分布】夏秋季单生或群生于日本落叶松林下，阴条岭自然保护区内广泛分布，采集编号 500238MFYT0048。

【资源价值】记载可食用。

子囊菌类

克地盾盘菌小孢变种

地匙菌

41 碗状疣杯菌

【拉丁学名】*Tarzetta catinus*（Holmsk.）Korf & J.K. Rogers

【系统地位】子囊菌门 > 盘菌纲 > 盘菌目 > 火丝菌科 > 疣杯菌属

【形态特征】子囊盘直径 1 ~ 4 cm，杯形或碗形，边缘略呈齿状，变老时平展或分裂，老时边缘稍内卷。近无柄至具深埋于地下的柄。子实层表面奶油色。囊盘被具毡状绒毛，与子实层表面同色或颜色稍浅。菌肉薄，易碎。外囊盘被为角胞组织至球胞组织，盘下层为交错丝组织。子囊（270 ~ 300）μm ×（13 ~ 16）μm，有囊盖，具8个子囊孢子。子囊孢子（20 ~ 24）μm ×（11 ~ 13）μm，椭圆形，两端稍窄，光滑。

【生态分布】夏秋季生于阔叶林林中地上，阴条岭自然保护区内林口子一带有分布，采集编号500238MFYT0278。

【资源价值】不明。

42 大孢泰托盘菌

【拉丁学名】*Tatraea macrospora*（Peck）Baral

【系统地位】子囊菌门 > 锤舌菌纲 > 柔膜菌目 > 柔膜菌科 > 泰托盘菌属

【形态特征】子囊盘直径 0.5 ~ 0.7 cm，盘形或浅杯形，边缘平展。子实层表面近光滑。子囊盘内外表面均为灰白色，干后黄褐色，坚硬。具短柄或几乎不具柄，有柄时长可达 1 cm。子囊孢子较长。

【生态分布】夏秋季群生于腐木上，阴条岭自然保护区内千字筏一带有分布，采集编号500238MFYT0380。

【资源价值】有毒。

子囊菌类

碗状疣杯菌

大孢泰托盘菌

43 窄孢胶陀螺菌

【拉丁学名】*Trichaleurina tenuispora* M. Carbone，Yei Z. Wang & Cheng L. Huang

【系统地位】子囊菌门 > 盘菌纲 > 盘菌目 > 火丝菌科 > 粉刺毛盘菌属

【形态特征】子囊盘直径 4 ~ 7 cm，高 3 ~ 5 cm，倒圆锥形或陀螺形，无柄，黑褐色，胶质，有弹性，盘缘初期内卷。子实层表面黄褐色至灰黑色，盘缘及外侧有短绒毛。子囊长筒形，（450 ~ 500）μm ×（15 ~ 18）μm，具 8 个子囊孢子。子囊孢子（25 ~ 35）μm ×（11 ~ 16）μm，无色至淡黄色，壁厚，有小疣，圆形至长椭圆形。

【生态分布】夏秋季生于阔叶林中腐木上，阴条岭自然保护区内击鼓坪一带有分布，采集编号 500238MFYT0017。

【资源价值】不明。

44 湖北木霉

【拉丁学名】*Trichoderma hubeiense* W. T. Qin & W. Y. Zhuang

【系统地位】子囊菌门 > 粪壳菌纲 > 肉座菌目 > 肉座菌科 > 木霉属

【形态特征】子座散生或少数聚生，垫状或盘状，边缘大多为规则的圆形，表面平滑，新鲜时肉色至淡黄色，干后黄色至土黄色，直径 1 ~ 4 mm，高 0.5 ~ 1.0 mm。子座皮层为角胞组织，皮下层为交错丝组织，子囊壳下层为表层组织和少量角胞组织，子座基部为交错丝组织，菌丝黄色，薄壁。子囊壳埋生，球形或瓶状，壳壁黄色，顶部与子座表面平齐。子囊圆柱形，基部渐窄，（58 ~ 88）μm ×（4.5 ~ 6）μm，柄长 9 ~ 15 μm。子囊孢子无色，表面具疣，近球形或卵形，（3 ~ 5）μm ×（2.5 ~ 4）μm。

【生态分布】夏秋季群生及丛生于阔叶树腐木上，阴条岭自然保护区内林口子至击鼓坪一带有分布，采集编号 500238MFYT0022。

【资源价值】不明。

窄孢胶陀螺菌

湖北木霉

45 毛舌菌

【拉丁学名】*Trichoglossum hirsutum*（Pers.）Boud.

【系统地位】子囊菌门 > 地舌菌纲 > 地舌菌目 > 地舌菌科 > 毛舌菌属

【形态特征】子实体总高达 8 cm，舌形，具细柄或者棒状柄，可育部分和不育菌柄有延伸出表面的刚毛，外观绒状黑色。可育部分长 20 mm，直径 5 mm，初期圆柱形，后扁平。不育菌柄长 20 ~ 60 mm，直径 1.5 ~ 2 mm，近圆柱形。子囊棒形，具 8 个子囊孢子，孔口在碘液中变明显蓝色。子囊孢子（77 ~ 187）μm ×（4.8 ~ 6）μm，两端稍窄，黄色至褐色，成束排列，绝大多数具 15 个分隔，成熟后断裂。

【生态分布】夏秋季散生或聚生于林下苔藓丛中，阴条岭自然保护区内击鼓坪至转坪一带有分布，采集编号 500238MFYT0159。

【资源价值】不明。

46 浅脚瓶盘菌

【拉丁学名】*Urnula craterium*（Schwein.）Fr.

【系统地位】子囊菌门 > 盘菌纲 > 盘菌目 > 肉盘菌科 > 脚瓶盘菌属

【形态特征】子囊盘漏斗形至深杯状，直径 13 ~ 18 mm，具柄。子实层表面干后近黑色至暗褐色，子层托干后暗褐色，表面被褐色毛状物。外囊盘被为角胞组织，厚 100 ~ 120 μm，细胞褐色，近等径；盘下层为交错丝组织。子实层厚 280 ~ 330 μm；子囊近圆柱形，13 ~ 15 μm，具 8 个子囊孢子，在梅氏试剂中呈阴性反应。子囊孢子长椭圆形，两端钝圆，在子囊中单列排列，表面平滑，内含物具折射性，略带黄色，无油滴，（23 ~ 33）μm ×（10 ~ 13）μm。

【生态分布】春夏秋单生于林中腐木上，阴条岭自然保护区内天池坝一带有分布，采集编号 500238MFYT0304。

【资源价值】不明。

毛舌菌

浅脚瓶盘菌

47　团炭角菌（炭角菌）

【拉丁学名】*Xylaria hypoxylon*（L.）Grev.

【系统地位】子囊菌门 > 粪壳菌纲 > 炭角菌目 > 炭角菌科 > 炭角菌属

【形态特征】子座高 3 ~ 8 cm，圆柱形、鹿角形或扁平鹿角形，不分枝到分枝，较多污白色至乳白色，后期黑色，基部黑色，并有细绒毛，顶部尖或扁平鸡冠形。子囊壳黑色。子囊（100 ~ 150）μm ×（6 ~ 8）μm，圆筒形，具 8 个子囊孢子。子囊孢子（11 ~ 14）μm ×（5 ~ 6）μm，光滑，无隔。

【生态分布】夏秋季群生于林中腐木或枯枝上，在阴条岭自然保护区内广泛分布，采集编号 500238MFYT0237。

【资源价值】不明。

48　多型炭角菌

【拉丁学名】*Xylaria polymorpha*（Pers.）Grev.

【系统地位】子囊菌门 > 粪壳菌纲 > 炭角菌目 > 炭角菌科 > 炭角菌属

【形态特征】子座高 3 ~ 12 cm，直径 0.5 ~ 2.2 cm，上部棒形、圆柱形、椭圆形、哑铃形、近球形或扁曲，内部肉色，干时质地较硬，表皮多皱，暗色或黑褐色至黑色，无不育顶部。不育菌柄一般较细，基部有绒毛。子囊壳直径 500 ~ 800 μm，近球形至卵圆形，埋生，孔口疣状，外露。子囊（150 ~ 200）μm ×（8 ~ 10）μm，圆筒形，有长柄。子囊孢子（20 ~ 30）μm ×（6 ~ 10）μm，梭形，单行排列，常不等边，褐色至黑褐色。

【生态分布】单生至群生于林间倒腐木、树桩的树皮或裂缝间，在阴条岭自然保护区内红旗管护站一带有分布，采集编号 500238MFYT0393。

【资源价值】可药用。

子囊菌类

团炭角菌

多型炭角菌

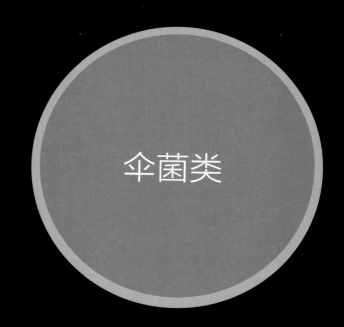

伞菌类

本书中的伞菌类是指子实体外形为典型伞状、子实层多形成菌褶或菌管的菌物，部分无菌柄和菌柄偏生、以菌褶为子实层体的种类也纳入伞菌类进行描述。阴条岭自然保护区分布的伞菌类主要有伞菌目 Agaricales、牛肝菌目 Boletales、红菇目 Russulales，包括 25 科：蘑菇科 Agaricaceae、鹅膏科 Amanitaceae、粪伞科 Bolbitiaceae、牛肝菌科 Boletaceae、丝膜菌科 Cortinariaceae、粉褶蕈科 Entolomataceae、铆钉菇科 Gomphidiaceae、轴腹菌科 Hydnangiaceae、蜡伞科 Hygrophoraceae、丝盖伞科 Inocybaceae、离褶伞科 Lyophyllaceae、小皮伞科 Marasmiaceae、小菇科 Mycenaceae、类脐菇科 Omphalotaceae、桩菇科 Paxillaceae、泡头菌科 Physalacriaceae、侧耳科 Pleurotaceae、光柄菇科 Pluteaceae、小脆柄菇科 Psathyrellaceae、红菇科 Russulaceae、裂褶菌科 Schizophyllaceae、球盖菇科 Stropgariaceae、乳牛肝菌科 Suillaceae、小塔氏菌科 Tapinellaceae、口蘑科 Tricholomataceae。

【拉丁学名】*Amanita oberwinklerana* Zhu L. Yang & Yoshim. Doi

【系统地位】担子菌门 > 伞菌纲 > 伞菌目 > 鹅膏科 > 鹅膏属

【形态特征】子实体中等至较大。菌盖直径 3 ~ 6 cm，扁平至平展。菌盖表面白色，中央有时米黄色，光滑或有时白色、膜质菌幕残余，边缘罕有菌环残余，无沟纹。菌褶白色，老时米色至淡黄色。菌柄中生，长 5 ~ 9 cm，直径 0.5 ~ 1.5 cm，常被白色反卷纤毛状或绒毛状鳞片，基部腹鼓状至白萝卜状；菌托浅杯状，两面皆为白色。孢子椭圆形至宽椭圆形，淀粉质，（8 ~ 10.5）μm ×（6 ~ 8）μm。

【生态分布】夏秋季生于阔叶林、针叶林或针阔混交林中地上，阴条岭自然保护区内阴条岭和干河坝至骡马店一带有分布，采集编号 500238MFYT0142。

【资源价值】可能有毒；树木外生菌根菌。

【拉丁学名】*Amanita aspericeps* Y. Y. Cui，Q. Cai & Zhu L. Yang

【系统地位】担子菌门 > 伞菌纲 > 伞菌目 > 鹅膏科 > 鹅膏菌属

【形态特征】子实体中等至较大。菌盖直径 6 ~ 11 cm，平凸至扁平，中心凹陷，脏白色、浅灰色至灰色；菌幕残余疣状、絮状至粉状，深灰色至灰色，边缘不具沟条纹。菌肉白色。菌褶离生，密，白色。菌柄中生，长 7 ~ 12.5 cm，直径 0.7 ~ 2 cm，近圆柱形或向上稍微变细，基部稍微扩大，白色至脏白色，密布絮状，脏白色至灰色鳞片；菌柄基部近球形，被疣状至絮状白色至灰色鳞片；菌环近顶生，易碎。孢子宽椭圆形，椭圆形至长椭圆形，淀粉质，无色，光滑，（8 ~ 11）μm ×（5 ~ 7）μm。

【生态分布】夏秋季单生或散生于以壳斗科上为主，偶有松科林地上，阴条岭自然保护区内骡马店一带有分布，采集编号 500238MFYT0389。

【资源价值】不明。

欧氏鹅膏

糙盖鹅膏

【拉丁学名】*Amanita brunneofuliginea* Zhu L. Yang

【系统地位】担子菌门 > 伞菌纲 > 伞菌目 > 鹅膏科 > 鹅膏菌属

【形态特征】子实体中等至较大。菌盖直径 5 ~ 14 cm，扁半球形至扁平，中央稍凸起，暗褐色至黑褐色，边缘浅灰褐色且有沟条纹，表面平滑或有白色至污白色零星残留菌幕。菌肉白色。菌褶白色，离生，小菌褶截状。菌柄中生，长 8 ~ 22 cm，直径 1 ~ 3 cm，近圆柱形，白色，向上渐细，基部不膨大。菌托袋状，高 4 ~ 7 cm，直径 1 ~ 3.5 cm，膜质，白色，常有黄褐色斑点。孢子近球形至宽椭圆形，稀球形，非淀粉质，（10.5 ~ 13）μm ×（9.5 ~ 12）μm。

【生态分布】夏秋季生于高山栎、冷杉针阔混交林中地上，阴条岭自然保护区内阴条岭一带有分布，采集编号 500238MFYT0346。

【资源价值】不明。

【拉丁学名】*Amanita fritillaria*（Sacc.）Sacc.

【系统地位】担子菌门 > 伞菌纲 > 伞菌目 > 鹅膏科 > 鹅膏菌属

【形态特征】子实体中等。菌盖直径 4 ~ 10 cm，浅灰色、褐灰色至浅褐色，具辐射状隐生纤丝花纹，具深灰色至近黑色鳞片。菌柄中生，长 5 ~ 10 cm，直径 0.6 ~ 1.5 cm，白色至污白色，被灰色至褐色鳞片；基部呈近球形、陀螺形至梭形，直径 1 ~ 2.5 cm，其上半部被有深灰色、鼻烟色至近黑色鳞片。菌环上位。孢子宽椭圆形至椭圆形，光滑，无色，淀粉质，（7 ~ 9）μm ×（5.5 ~ 7）μm。

【生态分布】夏秋季散生或群生于针叶林、阔叶林中地上，阴条岭自然保护区内阴条岭一带有分布，采集编号 500238MFYT0398。

【资源价值】有毒。

褐烟色鹅膏

格纹鹅膏

伞菌类

【拉丁学名】 *Amanita kotohiraensis* Nagas. & Mitani

【系统地位】 担子菌门 > 伞菌纲 > 伞菌目 > 鹅膏科 > 鹅膏菌属

【形态特征】 子实体中等。菌盖直径 5 ~ 8 cm，近半球形，后凸镜形至平展，白色，有时中央带米黄色，常有块状菌幕残留；边缘常悬垂有絮状物。菌肉白色，伤不变色，常有刺鼻气味。菌褶离生，浅黄色，密。菌柄中生，长 6 ~ 13 cm，直径 0.5 ~ 1.5 cm，近圆柱形，白色，被白色细小鳞片；基部膨大，近球形，直径 1.5 ~ 4 cm，有环状排列的突起，常埋于土中。菌环上位至近顶生，白色，膜质，宿存悬垂于菌盖边缘，或破碎消失。孢子宽椭圆形，光滑，无色，淀粉质，（7.5 ~ 9.5）μm ×（5 ~ 6.5）μm。

【生态分布】 夏秋季生于针阔混交林或常绿阔叶林中地上，阴条岭自然保护区内阴条岭和干河坝至骡马店一带有分布，采集编号 500238MFYT0121。

【资源价值】 有毒。

【拉丁学名】 *Amanita orientifulva* Zhu L. Yang，M. Weiss & Oberw.

【系统地位】 担子菌门 > 伞菌纲 > 伞菌目 > 鹅膏科 > 鹅膏菌属

【形态特征】 子实体大。菌盖直径 5 ~ 15 cm，平展，红褐色至褐色或深褐色。菌肉白色，伤不变色。菌褶离生，稍稀至稍密，不等长，白色。菌柄中生，长 8 ~ 15 cm，直径 0.5 ~ 3 cm，污白色至浅褐色，密被红褐色至灰褐色鳞片。菌环无。菌托袋状，高 4 ~ 6 cm，直径 1.5 ~ 5 cm，外表白色并有锈色斑。孢子球形至近球形，光滑，无色，非淀粉质，（10 ~ 14）μm ×（9.5 ~ 13）μm。

【生态分布】 夏秋季生于针叶林、针阔混交林或阔叶林中地上，阴条岭自然保护区内阴条岭和干河坝至骡马店一带有分布，采集编号 500238MFYT0127。

【资源价值】 不明。

异味鹅膏

东方褐盖鹅膏

【拉丁学名】*Amanita orsonii* Ash. Kumar & T. N. Lakh.

【系统地位】担子菌门 > 伞菌纲 > 伞菌目 > 鹅膏科 > 鹅膏菌属

【形态特征】子实体中等至较大。菌盖直径 3 ~ 12 cm，红褐色、黄褐色至灰褐色，被有污白色、浅灰色至灰褐色的近锥状、疣状、颗粒状至絮状菌幕残余。菌肉白色，伤后变淡红褐色。菌褶离生，稍密，不等长，白色。菌柄中生，长 7 ~ 13 cm，直径 0.5 ~ 1.5 cm，基部近球形，其上半部被有环带状菌托。菌环上位，膜质，与菌柄同色。各部位伤后常慢变为红褐色。孢子宽椭圆形至椭圆形，光滑，无色，淀粉质，（7 ~ 9）μm ×（5.5 ~ 7.5）μm。

【生态分布】夏秋季单生或群生于针叶林或针阔混交林中地上，阴条岭自然保护区内阴条岭和干河坝至骡马店一带有分布，采集编号 500238MFYT0387。

【资源价值】有毒。

【拉丁学名】*Amanita ovalispora* Boedijn

【系统地位】担子菌门 > 伞菌纲 > 伞菌目 > 鹅膏科 > 鹅膏菌属

【形态特征】子实体中等。菌盖直径 4 ~ 7 cm，灰色至暗灰色，表面平滑或偶有白色菌幕残片，边缘有长棱纹。菌肉白色，伤不变色。菌褶离生，不等长，白色，干后常呈灰色或浅褐色。菌柄中生，长 6 ~ 10 cm，直径 0.5 ~ 1.5 cm，上半部常被白色粉状鳞片。菌环无。菌托袋状至杯状，膜质。孢子宽椭圆形至椭圆形，光滑，无色，非淀粉质，（9 ~ 11）μm ×（7 ~ 9）μm。

【生态分布】夏秋季散生于阔叶林中地上，阴条岭自然保护区内阴条岭和干河坝至骡马店一带有分布，采集编号 500238MFYT0384。

【资源价值】不明。

红褐鹅膏

卵孢鹅膏

伞菌类

【拉丁学名】*Amanita pseudopantherina* Zhu L. Yang

【系统地位】担子菌门 > 伞菌纲 > 伞菌目 > 鹅膏科 > 鹅膏菌属

【形态特征】子实体中等或稍大。菌盖直径 5 ～ 10 cm，扁平至平展；表面灰褐色、褐色、黄褐色，中部色较深，被菌幕残余；菌幕残余角锥状至疣状，白色至淡灰色；边缘常有短沟纹。菌褶离生至近离生。菌柄中生，长 7 ～ 10 cm，直径 1 ～ 2 cm，近圆柱形，白色；菌环着生于菌柄上部，膜质，白色；菌柄基部膨大呈近球状至卵形，直径 1.5 ～ 3 cm，上部被有白色、呈领口状菌幕残余，有时在菌柄基部还有 1 ～ 3 圈带状菌幕残余。孢子（9.5 ～ 12.5）μm ×（7 ～ 9）μm。

【生态分布】夏季单生于松林地上，阴条岭自然保护区内阴条岭和干河坝至骡马店一带有分布，采集编号 500238MFYT0391。

【资源价值】有毒。

【拉丁学名】*Amanita pseudoporphyria* Hongo

【系统地位】担子菌门 > 伞菌纲 > 伞菌目 > 鹅膏科 > 鹅膏菌属

【形态特征】子实体中等。菌盖直径 5 ～ 15 cm，扁平至平展；表面淡灰色、灰色至灰褐色，中部色较深，具深色纤丝状隐生花纹或斑纹，光滑或有时被白色至污白色破布状菌幕残余；边缘有时悬垂有白色菌环残余，无沟纹。菌褶白色；短菌褶近菌柄端渐窄，偶近平截。菌柄长 8 ～ 13 cm，直径 0.5 ～ 2（4） cm，白色，常被白色纤毛状至粉末状鳞片；菌环顶生至近顶生，白色，宿存或破碎消失；菌柄基部棒状、腹鼓状至梭形，直径 1 ～ 3 cm；菌幕残余（菌托）浅杯状，厚 0.5 ～ 2 mm，外表面白色至污白色。担孢子宽椭圆形至椭圆形，光滑，无色，淀粉质，（7 ～ 9）μm ×（5 ～ 6.5）μm。

【生态分布】夏秋季散生于针叶林或阔叶林中地上，阴条岭自然保护区内阴条岭和干河坝至骡马店一带有分布，采集编号 500238MFYT0191。

【资源价值】可能有毒。

伞菌类

假豹斑鹅膏

假褐云斑鹅膏

59 圆足鹅膏

【拉丁学名】*Amanita sphaerobulbosa* Hongo

【系统地位】担子菌门 > 伞菌纲 > 伞菌目 > 鹅膏科 > 鹅膏菌属

【形态特征】子实体中等。菌盖直径 4 ~ 7 cm，扁半球形至平展；表面白色，被菌幕残余；菌幕残余白色至污白色、锥状至近锥状，高 0.5 ~ 2 mm，从菌盖中央至边缘逐渐变小；边缘常有絮状物，无沟纹。菌褶离生至近离生，白色至米色。菌柄中生，长 6 ~ 9 cm，直径 0.5 ~ 0.8 cm，白色，菌环之下被有白色纤丝状鳞片；菌环距离菌柄顶端 1 ~ 1.5 cm，膜质，白色，宿存；菌柄基部近球形，直径 1.8 ~ 2.5 cm，上部近平截并被有白色至污白色的小颗粒状菌幕残余，这些颗粒常呈不完整的同心环状排列，孢子近球形，淀粉质，（8 ~ 9.5）μm ×（7 ~ 8.5）μm。

【生态分布】夏季生于针阔混交林中地上，阴条岭自然保护区内阴条岭和干河坝一带有分布，采集编号 500238MFYT0296。

【资源价值】有毒。

60 红托鹅膏

【拉丁学名】*Amanita rubrovolvata* S. Imai

【系统地位】担子菌门 > 伞菌纲 > 伞菌目 > 鹅膏科 > 鹅膏属

【形态特征】子实体中等。菌盖直径 2 ~ 6.5 cm，扁半球形至平展；表面近中部红色至橘红色，至边缘逐渐变为橘色至黄色，被菌幕残余；菌幕残余粉末状至颗粒状，红色、橘红色至黄色；边缘有辐射状沟纹。菌褶离生，白色。菌柄中生，长 5 ~ 10 cm，直径 0.5 ~ 1 cm，基部膨大至近球形。菌环着生于菌柄中上部，薄膜质，上表面白色，下表面带黄色调，边缘常红色至橙色。孢子球形至近球形，非淀粉质，（7.5 ~ 9）μm ×（7 ~ 8.5）μm。

【生态分布】夏秋季生于针叶林或针阔混交林中地上，阴条岭自然保护区内阴条岭和干河坝至骡马店一带有分布，采集编号 500238MFYT0168。

【资源价值】可能有毒；树木外生菌根菌。

圆足鹅膏

红托鹅膏

【拉丁学名】*Amanita subjunquillea* S.Imai

【系统地位】担子菌门 > 伞菌纲 > 伞菌目 > 鹅膏科 > 鹅膏属

【形态特征】子实体小至中等。菌盖直径 3 ~ 6 cm，黄褐色、污橙黄色至芥黄色。菌肉白色，近菌盖表皮附近黄色，伤不变色。菌褶离生，不等长，白色。菌柄中生，长 4 ~ 12 cm，直径 0.3 ~ 1 cm；圆柱形，白色至浅黄色；基部近球形，直径 1 ~ 2 cm。菌环近顶生至上位，白色。菌托浅杯状，白色至污白色。孢子球形至近球形，光滑，无色，淀粉质，（6.5 ~ 9.5）μm ×（6 ~ 8）μm。

【生态分布】夏秋季生于林中地上，阴条岭自然保护区内转坪和骡马店一带有分布，采集编号 500238MFYT0177。

【资源价值】剧毒。

【拉丁学名】*Armillaria mellea*（Vahl）P. Kumm.

【系统地位】担子菌门 > 伞菌纲 > 伞菌目 > 泡头菌科 > 蜜环菌属

【形态特征】子实体小至中等。菌盖直径 3 ~ 7 cm，扁半球形至平展，蜜黄色至黄褐色，被有棕色至褐色鳞片，中部较密。菌肉近白色至淡黄色，伤不变色，菌褶直生至短延生、近白色至淡黄色或带褐色，较菌盖色浅。菌柄长 5 ~ 10 cm，直径 0.3 ~ 1 cm，圆柱形，菌环以上白色，菌环以下灰褐色，被灰褐色鳞片。菌环上位，上表面白色，下表面浅褐色。孢子椭圆形至长椭圆形，光滑，无色，非淀粉质，（8.5 ~ 10）μm ×（5 ~ 6）μm。

【生态分布】夏秋季生于树木或腐木上，阴条岭自然保护区内林口子至阴条岭和干河坝至骡马店一带有分布，采集编号 500238MFYT0227。

【资源价值】食药兼用；可人工栽培。

芥黄鹅膏

蜜环菌

63 星形菌（星孢寄生菇）

【拉丁学名】*Asterophora lycoperdoides*（Bull.）Ditmar

【系统地位】担子菌门 > 伞菌纲 > 伞菌目 > 离褶伞科 > 星形菌属

【形态特征】子实体小。菌盖直径 0.5 ~ 3 cm，初近球形，渐伸展为凸镜形，白色至淡灰色，成熟时带褐色，初期近光滑至有细纤毛。菌肉薄，近白色至带褐色。菌褶稍稀，白色至灰白色，有时分叉。小菌褶较多。菌柄长 1 ~ 4 cm，直径 2 ~ 6 mm，圆柱形，白色至淡灰褐色，基部有白色至带褐色菌丝体。孢子椭圆形，无色，（5 ~ 6）μm ×（3 ~ 4）μm。

【生态分布】夏秋季寄生于黑红菇 *Russula nigricans* 等大型担子菌的子实体上，近群生至丛生，阴条岭自然保护区内阴条岭和骡马店一带有分布，采集编号 500238MFYT0128。

【资源价值】可食用。

64 淡绿南牛肝菌

【拉丁学名】*Austroboletus subvirens*（Hongo）Wolfe

【系统地位】担子菌门 > 伞菌纲 > 牛肝菌目 > 牛肝菌科 > 南方牛肝菌属

【形态特征】子实体小至中等。菌盖直径 3 ~ 5 cm，初半球形，裂呈细网眼状或鳞片状，橄榄绿色至淡棕绿色，边缘有菌幕残余。菌肉白色，伤不变色。菌管初期白色，后期呈淡粉色至粉褐色。孔口多角形，伤不变色。菌柄长 5 ~ 9 cm，直径 0.5 ~ 1 cm，圆柱形，干，湿时微黏，绿色至树褐色，基部菌丝体白色。孢子（12.5 ~ 15.5）μm ×（4 ~ 4.5）μm，近梭形，粗糙似火山石样坑凹，开裂成不规则小块。

【生态分布】夏秋季生于阔叶林中地上，阴条岭自然保护区内转坪和干河坝至骡马店一带有分布，采集编号 500238MFYT0167。

【资源价值】不明。

星形菌

淡绿南牛肝菌

65　紫褶小孢伞（淡紫小孢伞）

【拉丁学名】*Baeospora myriadophylla*（Peck）Singer

【系统地位】担子菌门 > 伞菌纲 > 伞菌目 > 小皮伞科 > 小孢伞属

【形态特征】菌盖直径 0.8 ~ 3 cm，平展凸镜形或平展，中心处浅凹陷，逐渐发育成平展、波状或浅裂状，光滑，水浸状，幼时灰紫色至污紫色，成熟时灰棕色、紫棕色至淡灰色。菌肉白色、黄白色或略呈灰色。菌褶直生，极密，浅，幼时灰紫色至污紫色。菌柄长 2 ~ 5 cm，直径 1.5 ~ 4 mm，圆柱形，空心，顶端具细微的白粉状，幼时淡红灰色，成熟时光滑无毛，灰紫色，基部被短绒毛或棉绒毛。担孢子（3 ~ 4）μm ×（2 ~ 2.5）μm，近球形至椭圆形，光滑，无色，淀粉质。

【生态分布】夏秋季生于林中腐木，阴条岭自然保护区内转坪和干河坝至骡马店一带有分布，采集编号 500238MFYT0181。

【资源价值】不明。

66　紫红条孢牛肝菌

【拉丁学名】*Boletellus puniceus*（W.F. Chiu）X.H. Wang & P.G. Liu

【系统地位】担子菌门 > 伞菌纲 > 牛肝菌目 > 牛肝菌科 > 条孢牛肝菌属

【形态特征】子实体小至中等。菌盖直径 3 ~ 7 cm，近半球形至平展，粉红色至暗绯红色，成熟时开裂形成小的鳞片。菌盖表面菌丝直立。菌肉淡黄色，伤不变色。菌管黄色至浅黄色，伤不变色。孔口较大，多角形，与菌管同色。菌柄长 3 ~ 10 cm，直径 0.3 ~ 1 cm，圆柱形，近顶端黄色，中部被浅红色鳞片，基部具白色菌丝体。孢子长椭圆形，侧面有 7 ~ 10 条不明显的纵向脊，脊上无横纹，（14 ~ 18）μm ×（6 ~ 8）μm。

【生态分布】夏秋季生于林中地上，阴条岭自然保护区内干河坝至骡马店一带有分布，采集编号 500238MFYT0246。

【资源价值】可食用。

伞菌类

紫褶小孢伞

紫红条孢牛肝菌

67 白牛肝菌

【拉丁学名】*Boletus bainiugan* Dentinger

【系统地位】担子菌门 > 伞菌纲 > 牛肝菌目 > 牛肝菌科 > 牛肝菌属

【形态特征】子实体中等至较大。菌盖直径 5 ~ 12 cm，凸起至宽扁平，表面干燥，幼时赭色至深肉桂色或肉桂色，成熟时暗赭色至棕黄色。菌肉白色，伤不变色。菌管与菌肉同色，管口直径约 0.8 mm。菌柄长 5 ~ 12 cm，直径 2 ~ 4 cm，近圆柱形，向下膨大，实心，深白色至浅棕色，覆盖同色或浅棕色网纹。孢子光滑，近梭形，侧面不等边，壁稍厚，（12 ~ 15）μm×（4 ~ 6）μm

【生态分布】夏秋季生于松属、栎属等林中地上，阴条岭自然保护区内阴条岭和干河坝至骡马店一带有分布，采集编号 500238MFYT0089。

【资源价值】可食用。

68 兰茂牛肝菌

【拉丁学名】*Lanmaoa asiatica* G. Wu & Zhu L. Yang

【系统地位】担子菌门 > 伞菌纲 > 牛肝菌目 > 牛肝菌科 > 兰茂牛肝菌属

【形态特征】子实体中等。菌盖直径 5 ~ 11 cm，半球形至宽凸，有时皱缩，边缘微内卷，表面粉红色、暗红至红色，手摸时染棕色至深棕色。菌肉淡黄色，厚 1 ~ 3 cm，伤后渐变淡蓝色。菌管不规则至近圆形，管口直径 0.3 ~ 0.7 mm，长 3 ~ 7 mm，伤后变蓝色。菌柄长 8 ~ 11 cm，直径 1 ~ 3 cm，近圆柱形，有时基部呈球状，顶端淡黄色，灰红色至棕红色，基部呈灰红色，有时上部有网纹。孢子近梭形，光滑，棕黄色，（9 ~ 11.5）μm×（4 ~ 5.5）μm。

【生态分布】夏秋季生于针阔叶林中地上，阴条岭自然保护区内阴条岭和干河坝至骡马店一带有分布，采集编号 500238MFYT0277。

【资源价值】可食用。

白牛肝菌

兰茂牛肝菌

【拉丁学名】*Boletus flammans* E. A. Dick & Snell

【系统地位】担子菌门 > 伞菌纲 > 牛肝菌目 > 牛肝菌科 > 牛肝菌属

【形态特征】子实体中等至大。菌盖直径 5 ~ 13 cm，扁球形或扁平，幼时深红或褐红色，变暗红或粉红色，湿时黏，似绒毛至有小颗粒状绒毛或呈斑块状纹毛，后期光滑。菌肉浅黄色，伤处变青蓝色。菌管红色，管孔黄色，凹生，伤处变青蓝色。菌柄粗壮，长 7 ~ 12 cm，直径 1 ~ 2.5 cm，同盖色，伤处变青蓝色，有红色细网纹或绒状点，基部稍膨大，往往浅黄，实心。孢子浅褐黄色，光滑，近柱状椭圆形或椭圆形，（9.5 ~ 11.5）μm ×（3.8 ~ 4.8）μm。

【生态分布】夏秋季生于混交林中地上，阴条岭自然保护区内阴条岭一带有分布，采集编号 500238MFYT0080。

【资源价值】不明。

【拉丁学名】*Boletus umbriniporus* Hongo

【系统地位】担子菌门 > 伞菌纲 > 牛肝菌目 > 牛肝菌科 > 牛肝菌属

【形态特征】子实体中等。菌盖直径 5 ~ 10 cm，扁半球形至凸镜形，茶褐色至暗褐色，有绒质感。菌肉黄色至米色，伤后速变暗蓝色。菌管淡黄色，伤后变蓝色。孔口肉桂褐色，伤后变蓝色至近黑色。菌柄长 5 ~ 12 cm，直径 0.5 ~ 1.5 cm，圆柱形，被肉桂褐色至红褐色糠麸状鳞片，基部常黄色至黄褐色。孢子（12 ~ 13）μm ×（4 ~ 5）μm，长椭圆形至近梭形，光滑，淡橄榄黄色。

【生态分布】夏秋季生于阔林中地上，阴条岭自然保护区内大官山一带有分布，采集编号 500238MFYT0268。

【资源价值】不明。

伞菌类

深红牛肝菌

褐孔牛肝菌

【拉丁学名】*Caloboletus panniformis*（Taneyama & Har. Takah.）Vizzini

【系统地位】担子菌门 > 伞菌纲 > 牛肝菌目 > 牛肝菌科 > 丽牛肝菌属

【形态特征】子实体中等至较大。菌盖直径 6 ~ 12 cm，半球形至扁半球形，密被灰褐色、褐色至红褐色的毡状至绒状鳞片，边缘稍延生。菌肉黄色至淡黄色，渐变淡蓝色，味苦。菌管及孔口初期米色，成熟后黄色至污黄色，伤后速变蓝色。菌柄长 7 ~ 12 cm，直径 2 ~ 3 cm，向下变粗，中下部红色，顶部污黄色，密被红褐色至红色细鳞，上半部有时被网纹。孢子（11 ~ 16）μm ×（4 ~ 6）μm，近梭形，光滑，淡黄色。菌盖表皮由不规则排列的菌丝组成。

【生态分布】夏秋季生于针叶林或针阔混交林中地上，阴条岭自然保护区内阴条岭一带有分布，采集编号 500238MFYT0403。

【资源价值】不明。

【拉丁学名】*Campanella junghuhnii*（Mont.）Singer

【系统地位】担子菌门 > 伞菌纲 > 伞菌目 > 小皮伞科 > 钟片菌属

【形态特征】子实体小。菌盖直径 0.4 ~ 2 cm，半圆形至圆扇形，表面白色至带淡黄色，干时奶油色、浅黄色至土黄色，平滑，初期盖向内卷，后渐伸展。菌肉薄。菌褶黄白色，基部呈辐射状生出，褶间具有横脉，相互连成网格状，可延生到柄上，褶缘全缘。菌柄长 2 ~ 3 cm，直径 1 mm，圆柱形或弯曲圆柱形，侧生或偏生，纤维质。孢子宽椭圆形至近腹鼓状，光滑，无色，非淀粉质，（8 ~ 10.5）μm ×（5.5 ~ 7）μm。

【生态分布】夏秋季群生于林中枯竹上或阔叶树林中腐枝上，阴条岭自然保护区内林口子至转坪一带有分布，采集编号 500238MFYT0064。

【资源价值】不明。

毡盖美牛肝菌

竹生钟伞

伞菌类

73　暗淡色钟伞（暗淡色脉褶菌）

【拉丁学名】*Campanella tristis*（G. Stev.）Segedin

【系统地位】担子菌门 > 伞菌纲 > 伞菌目 > 小皮伞科 > 钟片菌属

【形态特征】子实体小。菌盖直径 0.4～3 cm，半圆形至肾形，幼时常呈碗状，表面白色、奶油色或淡灰色，略带一些淡蓝绿色，干时奶油色、浅黄色至土黄色，凸凹不平，有稀疏短小柔毛，边缘内卷。菌肉松软，薄，凝胶状，半透明。菌褶稀，薄，延生，8～10 条主脉由基部或菌柄处辐射状生出，褶间有小褶片及横脉交错排列呈网格状，白色至略带铜绿色。菌柄长 2～3 cm，直径1 mm，圆柱形或弯曲圆柱形，侧生或偏生，有时不明显。孢子宽椭圆形至近腹鼓状，光滑，无色，非淀粉质，（8～11）μm×（4.5～6）μm。

【生态分布】簇生或群生于针阔混交林中阔叶树腐木或枯枝上，阴条岭自然保护区内林口子至阴条岭一带有分布，采集编号 500238MFYT0210。

【资源价值】不明。

74　绿盖裘氏牛肝菌

【拉丁学名】*Chiua virens*（W. F. Chiu）Yan C. Li & Zhu L. Yang

【系统地位】担子菌门 > 伞菌纲 > 牛肝菌目 > 牛肝菌科 > 裘氏牛肝菌属

【形态特征】子实体小至中等。菌盖直径 2.5～8 cm，半球形或扁半球形至近平展，幼时暗绿色，暗草绿色或暗黄橘青色，老后深姜黄色至芥黄色，常有黄橄榄色鳞片且后期表皮龟裂而明显。菌管浅刚果红色，长达 2 mm，直生至离生，管口直径 1～4 mm，与菌管同色，近圆形。菌柄长 2～9 cm，直径 7～20 mm，淡青黄色或松黄色，并有黄橄榄色条纹，有时部分带红，基部带黄色或金黄色，内实。菌肉淡黄色，不变色，稍厚。孢子淡橄榄色，光滑，椭圆形，（11～14）μm×（5.5～6）μm。

【生态分布】夏秋季单生或群生于林中地上，阴条岭自然保护区内阴条岭一带有分布，采集编号500238MFYT0081。

【资源价值】不明。

暗淡色钟伞

绿盖裘氏牛肝菌

伞菌类

【拉丁学名】*Chroogomphus pseudotomentosus* O. K. Mill. & Aime

【系统地位】担子菌门 > 伞菌纲 > 牛肝菌目 > 铆钉菇科 > 色铆钉菇属

【形态特征】子实体中等。菌盖直径 4 ~ 7 cm，凸至扁平，幼时常呈伞形，浅橙色至橙棕色，具绒毛至近放射状纤维状鳞片；边缘有时延长并有细条纹。菌褶下延，浅橙色至灰棕色，成熟时稍带酒红色或深色。菌柄长 7 ~ 15 cm，直径 1 ~ 2 cm，近圆柱形，向基部逐渐变细，淡黄色至浅橙色，基部淡橙黄色，具纤维状至绒毛状鳞片，有白色菌丝组织。孢子椭圆体，壁稍厚，类糊精质，（14.5 ~ 18）μm ×（8 ~ 9.5）μm。

【生态分布】夏季生于混交林中地上，阴条岭自然保护区内林口子至阴条岭一带有分布，采集编号 500238MFYT0413。

【资源价值】不明。

【拉丁学名】*Clitocybe catinus*（Fr.）Quél.

【系统地位】担子菌门 > 伞菌纲 > 伞菌目 > 口蘑科 > 杯伞属

【形态特征】子实体小。菌盖直径 3 ~ 5 cm，平展，后呈漏斗形，近白色至浅棕灰色，软韧，干，光滑，边缘薄，整齐。菌肉白色，薄。菌褶白色，延生，较密。菌柄长 3 ~ 5 cm，直径 4 ~ 6 mm，圆柱形，近白色，内部松软，后中空，质韧，基部有绒毛。孢子无色，光滑，椭圆形或卵形，（4 ~ 5）μm ×（3 ~ 4）μm。

【生态分布】群生于阔叶林中地上，阴条岭自然保护区内林口子至转坪一带有分布，采集编号 500238MFYT0035。

【资源价值】记载可食用。

假绒盖色钉菇

亚白杯伞

77 杯伞（深凹杯伞）

【拉丁学名】*Clitocybe gibba*（Pers.）P. Kumm.

【系统地位】担子菌门 > 伞菌纲 > 伞菌目 > 口蘑科 > 杯伞属

【形态特征】菌盖直径 2 ~ 10 cm，初期扁半球形，逐渐平展，后期中部下凹呈漏斗形，幼时往往中央具小尖突，干燥，薄；表面淡黄色至淡褐色，初微有丝状柔毛，后变光滑；边缘锐，波状。菌肉白色，薄。菌褶延生，白色，薄，稍密，窄，不等长。菌柄长 2 ~ 5 cm，直径 0.5 ~ 1 cm，圆柱形，白色，与菌盖颜色相同或稍浅，表面光滑，内部松软，基部不膨大至稍膨大并有白色绒毛。担孢子（6 ~ 9）μm ×（3.5 ~ 5）μm，近卵圆形、椭圆形或长杏仁形，光滑，无色，非淀粉质。

【生态分布】夏秋季单生或群生于阔叶林或针叶林中地上，阴条岭自然保护区内大官山一带有分布，采集编号 500238MFYT0063。

【资源价值】记载可食用。

78 落叶杯伞（白杯伞）

【拉丁学名】*Clitocybe phyllophila*（Pers.）P. Kumm.

【系统地位】担子菌门 > 伞菌纲 > 伞菌目 > 口蘑科 > 邦氏菇属

【形态特征】子实体中等。菌盖直径 4.5 ~ 11 cm，初期扁球形，后期呈漏斗形，白色，表面具有白色绒毛，边缘光滑。菌肉白色，伤不变色。菌褶延生，稍密，白色，不等长，褶缘近平滑。菌柄长 4 ~ 9 cm，直径 0.4 ~ 1.2 cm，圆柱形，中生，微弯曲，白色，表面具纤细绒毛，空心。孢子（4.5 ~ 7）μm ×（2.8 ~ 4）μm，椭圆形或柠檬形，光滑，无色。

【生态分布】群生于阔叶林中地上，阴条岭自然保护区内大官山一带有分布，采集编号 500238MFYT0249。

【资源价值】有毒。

杯伞

落叶杯伞

【拉丁学名】*Collybiopsis polygramma*（Mont.）R.H. Petersen

【系统地位】担子菌门 > 伞菌纲 > 伞菌目 > 类脐菇科 > 拟金钱菌属

【形态特征】子实体小。菌盖直径 1.5 ~ 2 cm，幼时呈凸形，边缘内弯，后变平凸，光滑，新鲜时深黄棕色至极浅棕色，干燥时深棕色。菌褶贴生或离生，菌柄长 3 ~ 4 cm，直径 2 ~ 3 mm，中生，圆柱形，近等粗，黄棕色。孢子泪状至椭圆形，光滑，淀粉质，（5 ~ 7.5）μm×（2.5 ~ 3.5）μm。

【生态分布】夏秋季生于林中枯枝上，阴条岭自然保护区内阴条岭一带有分布，采集编号 500238MFYT0356。

【资源价值】不明。

【拉丁学名】*Collybiopsis undulata* J.S. Kim & Y.W. Lim

【系统地位】担子菌门 > 伞菌纲 > 伞菌目 > 类脐菇科 > 拟金钱菌属

【形态特征】子实体小。菌盖直径 1 ~ 3 cm，凸凹，边缘随着时间增长而变得波状；表面光滑，中心棕色，边缘逐渐变浅。菌褶奶油色。菌柄长 3.5 ~ 5.5 cm，直径 0.8 ~ 2 mm，圆柱形，被绒毛，深棕色，至先端逐渐变浅。孢子圆柱形，光滑，透明，非糊精质，（5.6 ~ 9.5）μm×（2 ~ 3.4）μm。

【生态分布】夏季散生以于阔叶树为主的混交林中地上，阴条岭自然保护区内干河坝至骒马店一带有分布，采集编号 500238MFYT0373。

【资源价值】不明。

密褶裸柄伞

波边裸柄伞

81 白小鬼伞

【拉丁学名】*Coprinellus disseminatus*（Pers.）J. E. Lange

【系统地位】担子菌门 > 伞菌纲 > 伞菌目 > 小脆柄菇科 > 小鬼伞属

【形态特征】子实体小。菌盖直径 5 ~ 10 mm，初期卵形至钟形，后期平展，淡褐色至黄褐色，被白色至褐色颗粒状至絮状鳞片，边缘具长条纹。菌肉近白色，薄。菌褶初期白色，后转为褐色至近黑色，成熟时不自溶或仅缓慢自溶。菌柄长 2 ~ 4 cm，直径 1 ~ 2 mm，白色至灰白色。菌环无。孢子（6.5 ~ 9.5）μm ×（4 ~ 6）μm，椭圆形至卵形，光滑，淡灰褐色，顶端具芽孔。

【生态分布】夏秋季生于路边、林中腐木或草地上，阴条岭自然保护区内林口子一带有分布，采集编号 500238MFYT0195。

【资源价值】记载可食用。

82 晶粒小鬼伞

【拉丁学名】*Coprinellus micaceus*（Bull.）Vilgalys，Hopple & Jacq. Johnson

【系统地位】担子菌门 > 伞菌纲 > 伞菌目 > 小脆柄菇科 > 小鬼伞属

【形态特征】子实体小。菌盖直径 2 ~ 4 cm，初期卵形至钟形，后期平展，成熟后盖缘向上翻卷，淡黄色、黄褐色、红褐色至赭褐色，向边缘颜色渐浅呈灰色，水浸状；幼时有白色的颗粒状晶体，后渐消失；边缘有长条纹。菌肉近白色至淡赭褐色，薄，易碎。菌褶初期米黄色，后转为黑色，成熟时缓慢自溶。菌柄长 3 ~ 8.5 cm，直径 2 ~ 5 mm，圆柱形，近等粗，有时基部呈棒状或球茎状膨大，白色，具白色粉霜，后较光滑且渐变淡黄色，脆，空心。菌环无。孢子（7 ~ 10）μm ×（5 ~ 6）μm，椭圆形，光滑，灰褐色至暗棕褐色，顶端具平截芽孔。

【生态分布】春至秋季丛生或群生于阔叶林中树根部地上，阴条岭自然保护区内林口子至击鼓坪一带有分布，采集编号 500238MFYT0223。

【资源价值】记载可食用，但建议不食。

白小鬼伞

晶粒小鬼伞

【拉丁学名】*Coprinellus radians*（Desm.）Vilgalys，Hopple & Jacq. Johnson

【系统地位】担子菌门 > 伞菌纲 > 伞菌目 > 小脆柄菇科 > 小鬼伞属

【形态特征】子实体小。菌盖幼时直径 0.2 ~ 0.6 cm，高 0.2 ~ 0.8 cm，成熟时高达 0.5 ~ 2.5 cm，初期球形至卵圆形，后渐展开且盖缘上卷，具有白色的毛状鳞片，中部呈赭褐色、橄榄灰色，边缘白色，具小鳞片及条纹，老时开裂。菌肉薄，初期灰褐色。菌褶弯生至离生，幼时白色，后渐变黑色，稀，不等长，褶缘平滑。菌柄长 2 ~ 6.5 cm，直径 1 ~ 4 mm，圆柱形，向下渐粗，脆且易碎，空心。菌柄基部至基物表面上常有牛毛状菌丝覆盖。孢子（10 ~ 12）μm ×（6 ~ 7.5）μm，椭圆形，表面光滑，灰褐色至暗棕褐色，具有明显的芽孔。

【生态分布】春至秋季生于树桩及倒腐木上，往往成群丛生，阴条岭自然保护区内阴条岭一带有分布，采集编号 500238MFYT0401。

【资源价值】不明。

【拉丁学名】*Coprinopsis friesii*（Quél.）P. Karst.

【系统地位】担子菌门 > 伞菌纲 > 伞菌目 > 小脆柄菇科 > 拟鬼伞属

【形态特征】子实体小。菌盖直径 0.3 ~ 0.8 cm，高 0.2 ~ 0.6 cm，完全展开后直径达 1.5 cm，初期圆锥形、卵圆形至椭圆形，表面白色，中部呈赭色，菌幕撕裂后出现淡赭色斑块。菌肉薄，灰白色。菌褶离生，幼时白色，后渐变为灰色至黑色，稍密，不等长。菌柄长 3 ~ 5 cm，直径 1 ~ 1.5 mm，圆柱形，表面白色至灰白色，具稀疏的白色絮状小鳞片，有时基部呈棒状。孢子（6.1 ~ 9.7）μm ×（5.3 ~ 7.3）μm，卵圆形至长菱形且顶端圆，光滑，灰褐色至暗红褐色，具有明显的芽孔。

【生态分布】春至秋季通常群生于地上，阴条岭自然保护区内林口子至蛇梁子一带有分布，采集编号 500238MFYT0323。

【资源价值】不明。

辐毛小鬼伞

费赖斯拟鬼伞

85 雪白拟鬼伞（白拟鬼伞）

【拉丁学名】*Coprinopsis nivea*（Pers.）Redhead，Vilgalys & Moncalvo

【系统地位】担子菌门 > 伞菌纲 > 伞菌目 > 小脆柄菇科 > 拟鬼伞属

【形态特征】子实体小。菌盖直径 2 ~ 3 cm，白色，卵形至钟形，密被白色粉粒状菌幕残余。菌肉白色。菌褶离生，初期白色，后转灰色，成熟时近黑色。菌柄长 7 ~ 10 cm，直径 3 ~ 6 mm，白色至污白色，被白色粉末状鳞片，渐变光滑。菌环无。担子（25 ~ 35）μm ×（12 ~ 15）μm。孢子（12 ~ 16）μm ×（10 ~ 14）μm，侧面观椭圆形，背腹观近柠檬形，光滑，近黑色，有芽孔。

【生态分布】夏秋季群生于肥沃腐殖质土上，阴条岭自然保护区内林口子一带有分布，采集编号 500238MFYT0019。

【资源价值】不明。

86 柯夫丝膜菌

【拉丁学名】*Cortinarius korfii* T. Z. Wei & Y. J. Yao

【系统地位】担子菌门 > 伞菌纲 > 伞菌目 > 丝膜菌科 > 丝膜菌属

【形态特征】子实体中等至较大。菌盖直径 4 ~ 12 cm，幼时近球形至钟形，后渐变为凸镜形至平展，中央常稍突起，边缘浅黄褐色，后变为土黄褐色至红褐色。菌肉白色至污白色。菌褶近贴生，幼时浅灰紫色，成熟后呈土黄褐色至深锈褐色，密，不等长。菌柄中生，长 4 ~ 21 cm，直径 0.9 ~ 2 cm，圆柱形，基部膨大。内菌幕蜘蛛丝状，幼时近白色，后被孢子沾染呈黄褐色。孢子椭圆形至杏仁形，有疣突，黄褐色至褐色，（10 ~ 16）μm ×（8 ~ 10）μm。

【生态分布】夏秋季单生或群生于针阔混交林中地上，阴条岭自然保护区内阴条岭一带有分布，采集编号 500238MFYT0136。

【资源价值】可食用。

雪白拟鬼伞

柯夫丝膜菌

【**拉丁学名**】*Cortinarius purpurascens* Fr.

【**系统地位**】担子菌门 > 伞菌纲 > 伞菌目 > 丝膜菌科 > 丝膜菌属

【**形态特征**】子实体中等。菌盖直径 4 ~ 11 cm，初时钟形，边缘内卷，后平展，中部稍突起，后期变为土黄色至淡褐色。菌肉厚，初时淡紫色，后期为蓝紫色。菌褶弯生，密，幅窄，初时蓝紫色，伤后变为深紫色。菌柄中生，长 4 ~ 12 cm，直径 1.2 cm，圆柱形，基部膨大，常呈有缘球茎，淡紫色至污白色，表面常具有少量紫色纤毛，实心。内菌幕上位，丝膜状，蓝紫色，易消失。孢子卵圆形至椭圆形，具小疣，锈褐色，（8.5 ~ 10.5）μm ×（4.5 ~ 5.5）μm。

【**生态分布**】秋季生于阔叶林或针阔混交林中地上，阴条岭自然保护区内林口子至阴条岭一带有分布，采集编号 500238MFYT0211。

【**资源价值**】可食用。

【**拉丁学名**】*Cortinarius purpureus*（Bull.）Fuckel

【**系统地位**】担子菌门 > 伞菌纲 > 伞菌目 > 丝膜菌科 > 丝膜菌属

【**形态特征**】子实体中等至较大。菌盖直径 5 ~ 8 cm，扁半球形，后渐平展，带紫褐色或橄榄褐色、茶色，边缘色较淡，光滑，黏，有丝膜。菌肉紫色。菌褶初期堇紫色，很快变为土黄色至锈褐色，弯生，稍密。菌柄中生，长 5 ~ 9 cm，直径 1 ~ 2 cm，近圆柱，淡堇紫色，后渐变淡，基部膨大呈白形，内实。孢子淡锈色，有小疣，椭圆形至近卵圆形，（10 ~ 12）μm ×（6 ~ 7.5）μm。

【**生态分布**】秋季群生或散生于混交林中地上，阴条岭自然保护区内阴条岭一带有分布，采集编号 500238MFYT0139。

【**资源价值**】不明。

紫色丝膜菌

紫丝膜菌

【拉丁学名】 *Cortinarius subargentatus* Murrill

【系统地位】 担子菌门 > 伞菌纲 > 伞菌目 > 丝膜菌科 > 丝膜菌属

【形态特征】 子实体较小至中等。菌盖直径 4 ~ 7.5 cm，近半球形或扁半球形至扁平，中部平凸、浅灰白紫色、淡白紫色或紫罗兰色，后渐退色，表面平滑。菌肉浅白紫色，中部较厚。菌褶亮紫色，后期变褐锈色或肉桂褐色，近直生。菌柄中生，长 5 ~ 12 cm，直径 0.6 ~ 1.3 cm，柱形，基部膨大近球形，平滑，有纵条纹，上部有丝膜呈锈色，内部实心。孢子锈色，表面粗糙，有小疣，近椭圆形，（8.5 ~ 9）μm ×（6 ~ 7）μm。

【生态分布】 秋季散生或群生于针阔叶林中地上，阴条岭自然保护区内阴条岭一带有分布，采集编号 500238MFYT0132。

【资源价值】 不明。

【拉丁学名】 *Cortinarius subscotoides* Niskanen & Liimat.

【系统地位】 担子菌门 > 伞菌纲 > 伞菌目 > 丝膜菌科 > 丝膜菌属

【形态特征】 子实体小。菌盖直径 2 ~ 4 cm，幼时圆锥形，成熟后平凸，具锐尖伞盖，深棕色。菌褶起初淡灰棕色，后来棕色。菌柄长 2.5 ~ 5 cm，直径 5 ~ 9 mm，圆柱形，初呈丝状白色纤维状，很快呈棕色，尤其是在菌柄基部。孢子泪滴状至短倒卵圆形，疣状，糊精质，（7 ~ 8）μm ×（4.8 ~ 5.3）μm。

【生态分布】 夏季生于混交林中地上，阴条岭自然保护区内林口子至转坪一带有分布，采集编号 500238MFYT0360。

【资源价值】 不明。

伞菌类

类银白丝膜菌

亚尖顶丝膜菌

伞菌类

【拉丁学名】*Cortinarius subtorvus* Lamoure

【系统地位】担子菌门 > 伞菌纲 > 伞菌目 > 丝膜菌科 > 丝膜菌属

【形态特征】子实体小。菌盖直径 4 ~ 6 cm，初时半球形，边缘内卷，后展开至扁平，中部多有下陷；盖缘波浪状，具浅沟状条纹；淡黄色至浅土黄色。菌肉白色，较厚。菌褶直生，褶缘平整。菌柄中生，长 5 ~ 9 cm，直径 1 ~ 1.5 cm，多为棒状，向下渐粗，基部膨大，上部为白色，下部至基部为白紫色，向下紫色渐深，偶有绒毛状黄褐色鳞片，内部松软至实心。内菌幕丝膜状至纤丝状，常带锈褐色，后期不明显。孢子椭圆形，具疣突，浅锈色，（8.5 ~ 10.5）μm ×（5 ~ 6.5）μm。

【生态分布】秋季生于阔叶林或针阔混交林中地上，阴条岭自然保护区内阴条岭一带有分布，采集编号 500238MFYT0093。

【资源价值】不明。

【拉丁学名】*Crepidotus alabamensis* Murrill

【系统地位】担子菌门 > 伞菌纲 > 伞菌目 > 丝盖伞科 > 靴耳属

【形态特征】子实体小。菌盖直径 0.3 ~ 2 cm，匙状，瓣状或花瓣状，淡黄色至玉米黄色，黏，吸湿，近基部有白色绒毛，边缘具透明条纹。菌褶放射状，硫黄色至灰橙色。菌柄只存在于幼时，成熟后无。孢子印金棕色。孢子宽椭圆形至椭圆形，壁厚，光滑，（5.5 ~ 7）μm ×（5 ~ 5.5）μm。

【生态分布】夏秋季生于林中腐木地上，阴条岭自然保护区内干河坝至骡马店一带有分布，采集编号 500238MFYT0377。

【资源价值】不明。

亚野丝膜菌

淡白靴耳

【拉丁学名】*Crepidotus applanatus*（Pers.）P. Kumm.

【系统地位】担子菌门 > 伞菌纲 > 伞菌目 > 丝盖伞科 > 靴耳属

【形态特征】子实体小。菌盖直径 1 ～ 4 cm，扇形、近半圆形或肾形，扁平，表面光滑，湿时水浸状，白色或黄白色，有茶褐色孢子粉，后变至带褐色或浅土黄色，干时白色、黄白色或带浅粉黄色，盖缘湿时具条纹，内卷，基部有白色软毛。菌肉薄，白色至污白色，柔软。菌褶从基部放射状生出，延生，较密，不等长，初期白色，后变至浅褐色或肉桂色。无菌柄或具短柄。孢子宽椭圆形、球形至近球形，密生细小刺，或有麻点或小刺疣，淡褐色或锈色，（4.5 ～ 7）μm ×（4.5 ～ 6.5）μm。

【生态分布】夏秋季群生、叠生或近覆瓦状生于阔叶树腐木或倒伏的阔叶树腐木上，阴条岭自然保护区内林口子至阴条岭一带有分布，采集编号 500238MFYT0090。

【资源价值】不明。

【拉丁学名】*Crepidotus calolepis*（Fr.）P. Karst.

【系统地位】担子菌门 > 伞菌纲 > 伞菌目 > 丝盖伞科 > 靴耳属

【形态特征】子实体小。菌盖直径 1 ～ 7 cm，半圆形至扇形，边缘内弯，后来平坦，脏白色、奶油色至赭黄色，表面黏至干燥，密被黄棕色至棕色纤维状细鳞片。菌褶贴生，幼时白色，老时褐色、赭棕色至肉桂色。菌柄无或不发育。孢子椭圆形，光滑，壁厚，（7.5 ～ 11）μm ×（5.5 ～ 7）μm。

【生态分布】夏季生于林中地上，阴条岭自然保护区内转坪至阴条岭以及干河坝至骡马店一带有分布，采集编号 500238MFYT0176。

【资源价值】不明。

平盖靴耳

美鳞靴耳

【拉丁学名】*Crepidotus sulphurinus* Imazeki & Toki

【系统地位】担子菌门 > 伞菌纲 > 伞菌目 > 丝盖伞科 > 靴耳属

【形态特征】子实体小。菌盖直径 0.5～1 cm，扇形至贝壳形，黄色、污黄色至硫黄色，基部被细小毛状鳞片，边缘波状或向下卷。菌肉薄，黄色。菌褶稍稀，黄褐色至锈褐色。菌柄侧生而短。孢子（9～10）μm×（8～9）μm，球形至近球形，有小疣，淡锈色。

【生态分布】夏秋季生于腐木上，阴条岭自然保护区内林口子至击鼓坪一带有分布，采集编号 500238MFYT0208。

【资源价值】不明。

【拉丁学名】*Crinipellis procera* G. Stev.

【系统地位】担子菌门 > 伞菌纲 > 伞菌目 > 小皮伞科 > 毛皮伞属

【形态特征】子实体小。菌盖直径 0.5～1.5 cm，幼时半圆形，成熟后宽圆锥形至平具圆锥形乳头，边缘有簇毛，黄棕色至橙棕色。菌褶离生，紧密，米白色。菌柄长 6～10 cm，直径约 1 mm，圆柱形，近等粗，灰棕色，具短柔毛。孢子椭圆体，光滑，透明，淀粉质，薄壁，（7.5～9.5）μm×（4～5.5）μm。

【生态分布】夏季生于林中地上，阴条岭自然保护区内林口子至蛇梁子一带有分布，采集编号 500238MFYT0232。

【资源价值】不明。

硫色靴耳

高柄毛皮伞

97　毛皮伞

【拉丁学名】*Crinipellis scabella*（Alb. & Schwein.）Murrill

【系统地位】担子菌门 > 伞菌纲 > 伞菌目 > 小皮伞科 > 毛皮伞属

【形态特征】子实体小。菌盖直径 0.3 ~ 1.5 cm，初期凸镜形，后期渐变为半球形；表面具放射状褐色至红褐色的纤毛，向中心颜色渐深。菌肉白色，伤不变色。菌褶离生至直生，稀疏，不等长，白色，边缘平整。菌柄长 0.5 ~ 3 cm，直径 1 ~ 1.5 mm，圆柱形，棕褐色，表面有纤细绒毛。孢子宽椭圆形至长圆形，光滑，无色，非淀粉质，（8.5 ~ 9.5）μm ×（4.5 ~ 6）μm。

【生态分布】夏秋季簇生或散生于阔叶树腐木上，阴条岭自然保护区内转坪和干河坝至骡马店一带有分布，采集编号 500238MFYT0182。

【资源价值】不明。

98　橙色橙牛肝菌

【拉丁学名】*Crocinoboletus laetissimus*（Hongo）N. K. Zeng，Zhu L. Yang & G. Wu

【系统地位】担子菌门 > 伞菌纲 > 牛肝菌目 > 牛肝菌科 > 橙牛肝菌属

【形态特征】子实体中等。菌盖直径 3.8 ~ 7 cm，幼时近半球形，然后凸至扁平；表面干燥，金黄色、亮橙色至红橙色，具微小、深红棕色小鳞片，伤时很快变成蓝橄榄色，后变黑；边缘弯曲。菌孔近圆形，细小，直径约 0.7 mm，孔深 3 ~ 4 mm，金黄色至橙色。菌柄中生，长 6 ~ 11 cm，直径 1.2 ~ 2 cm，近圆柱形，实心；表面干燥，与菌盖同色，有时被暗红橙色鳞屑，伤时很快变成蓝橄榄色，后变黑。孢子近梭形至椭圆形，壁稍厚，光滑，淀粉质，（9.2 ~ 12）μm ×（4 ~ 5）μm。

【生态分布】夏季单生于混交林中地上，阴条岭自然保护区内大官山一带有分布，采集编号500238MFYT0264。

【资源价值】不明。

毛皮伞

橙色橙牛肝菌

伞菌类

【拉丁学名】*Cuphophyllus aurantius*（Murrill）Lodge，K. W. Hughes & Lickey

【系统地位】担子菌门 > 伞菌纲 > 伞菌目 > 蜡伞科 > 拱顶伞属

【形态特征】子实体小。菌盖直径 0.5 ~ 1 cm，幼时圆锥形，平凸，老时略呈弧形，橙红色至橙黄色，湿润时呈半透明条纹，干燥时有粉粒。菌褶波状至稍下延，橙色至橙黄色。菌柄中生，长 1 ~ 3 cm，直径 0.5 ~ 1.5 mm，近等粗，橙色至橙黄色，光滑，基部稍具糙伏毛。孢子球形、椭圆形或泪状，（4 ~ 6）μm ×（2.5 ~ 5）μm。

【生态分布】夏季单生于林中地上，阴条岭自然保护区内千字筏一带有分布，采集编号 500238MFYT0364。

【资源价值】不明。

【拉丁学名】*Cuphophyllus virgineus*（Wulfen）Kovalenko

【系统地位】担子菌门 > 伞菌纲 > 伞菌目 > 蜡伞科 > 拱顶伞属

【形态特征】子实体较小，白色。菌盖直径 3 ~ 7 cm，初期近钟形，后扁平，中部稍下凹，带黄色，初期表面湿润，后期干燥至龟裂，盖缘薄。菌肉白色，稍软，稍厚，味温和。菌褶延生，稀厚，不等长，褶间有横脉相连。菌柄长 3 ~ 7 cm，直径 0.5 ~ 1 cm，向下部渐变细，平滑或上部有粉末，干燥，内实至松软。孢子光滑，无色，椭圆形或卵圆形，（7.9 ~ 12）μm ×（4 ~ 5.1）μm。

【生态分布】单生或散生于阔叶林地上，阴条岭自然保护区内林口子至阴条岭一带有分布，采集编号 500238MFYT0354。

【资源价值】不明。

橙拱顶伞

洁白拱顶伞

101 粗糙鳞盖伞（金黄鳞盖伞）

【拉丁学名】*Cyptotrama asprata*（Berk.）Redhead & Ginns

【系统地位】担子菌门 > 伞菌纲 > 伞菌目 > 泡头菌科 > 鳞盖伞属

【形态特征】子实体小。菌盖直径 2 ~ 3 cm，半球形至扁平，橘红色、黄色至淡黄色，被橘红色至橙色锥状鳞片，边缘内卷。菌肉薄，污白色至淡黄色。菌褶近直生，不等长，白色。菌柄长 2 ~ 4 cm，直径 2.5 ~ 4 mm，圆柱形，近白色至米色，被黄色至淡黄色鳞片。孢子近杏仁形，光滑，无色，非淀粉质，（7 ~ 9）μm ×（5 ~ 6.5）μm。

【生态分布】夏秋季生于腐木上，阴条岭自然保护区内林口子至阴条岭一带有分布，采集编号 500238MFYT0101。

【资源价值】有毒。

102 易逝无环蜜环菌（假蜜环菌）

【拉丁学名】*Desarmillaria tabescens*（Scop.）R. A. Koch & Aime

【系统地位】担子菌门 > 伞菌纲 > 伞菌目 > 泡头菌科 > 无环蜜环菌属

【形态特征】子实体中等。菌盖直径 2.8 ~ 8.5 cm，幼时扁半球形，后渐平展，有时边缘稍翻起，蜜黄色或黄褐色，老后锈褐色，往往中部色深并有纤毛状小鳞片，不黏。菌肉白色或带乳黄色。菌褶白色至污白色，或稍带暗肉粉色，近延生，稍稀，不等长。菌柄长 2 ~ 13 cm，直径 3 ~ 9 mm，圆柱形，上部污白色，中部以下灰褐色至黑褐色，有时扭曲，具平伏丝状纤毛，内部松软至空心。菌环无。担孢子（7.5 ~ 10）μm ×（5 ~ 7.5）μm，宽椭圆形至近卵圆形，光滑，无色，非淀粉质。

【生态分布】夏秋季丛生于林中阔叶树朽桩上及树干基部和根际，阴条岭自然保护区内阴条岭和千字筏一带有分布，采集编号 500238MFYT0396。

【资源价值】可食用。

粗糙鳞盖伞

易逝无环蜜环菌

【拉丁学名】*Descolea flavoannulata*（Lj. N. Vassiljeva）E. Horak

【系统地位】担子菌门 > 伞菌纲 > 伞菌目 > 粪伞科 > 圆头伞属

【形态特征】子实体中等。菌盖直径 5 ~ 8 cm，淡黄色、黄褐色至暗褐色，被有黄色细小鳞片；边缘有辐射状细条纹。菌肉与菌盖同色，伤不变色或稍暗色。菌褶初期黄色，后转为褐色至锈褐色。菌柄中生，长 5 ~ 10 cm，直径 0.5 ~ 2 cm，圆柱形，淡黄色至黄褐色，基部有菌幕残余。菌环上位，膜质，黄色。孢子柠檬形至杏仁形，有细小疣，锈褐色，（13 ~ 16）μm ×（7.5 ~ 9）μm。

【生态分布】夏秋季生于林中地上，阴条岭自然保护区内林口子一带有分布，采集编号 500238MFYT0202。

【资源价值】可食用。

【拉丁学名】*Echinoderma asperum*（Pers.）Bon

【系统地位】担子菌门 > 伞菌纲 > 伞菌目 > 蘑菇科 > 鳞环柄菇属

【形态特征】子实体一般中等。菌盖直径 4 ~ 10 cm，近平展，污白色至黄褐色，被锥状或颗粒状深色鳞片。菌肉白色，肉质。菌褶离生，污白色，不等长。菌柄中生，长 4 ~ 12 cm，直径 0.5 ~ 2 cm。菌环上位，膜质，菌环以下被浅褐色、锥状、易脱落的鳞片。孢子椭圆形至近圆柱形，光滑，无色，拟糊精质，（5.5 ~ 7.5）μm ×（2 ~ 3）μm。

【生态分布】夏秋季生于公园或树林中，阴条岭自然保护区内林口子至阴条岭一带有分布，采集编号 500238MFYT0030。

【资源价值】可食用。

黄环圆头伞

灰鳞环柄菇

【拉丁学名】*Entoloma caesiellum* Noordel. & Wölfel

【系统地位】担子菌门 > 伞菌纲 > 伞菌目 > 粉褶蕈科 > 粉褶蕈属

【形态特征】子实体小。菌盖直径 1.5 ~ 3.5 cm，半球形至凸镜形，后平展，中央凹陷，淡黄灰色，中央色深，边缘稍带淡蓝色，稍许水浸状，边缘无明显条纹。菌肉薄，近白色。菌褶宽达 5 mm，直生，较稀，初白色，后变为粉红色。菌柄中生，长 5.5 ~ 7.5 cm，直径 1.5 ~ 3 mm，圆柱形，空心，天蓝色至蓝灰色，光滑，基部具白色绒毛。孢子 5 ~ 7 角，异径，壁较厚，淡粉红色，（9 ~ 10.5）μm ×（6.5 ~ 8）μm。

【生态分布】春秋季散生于针阔混交林中地上，阴条岭自然保护区内林口子至阴条岭一带有分布，采集编号 500238MFYT0134。

【资源价值】不明。

【拉丁学名】*Entoloma chalybeum*（Pers.）Zerova

【系统地位】担子菌门 > 伞菌纲 > 伞菌目 > 粉褶蕈科 > 粉褶蕈属

【形态特征】菌盖直径 1 ~ 3 cm，初凸镜形至圆锥形，然后平展到中凹，具纤毛及糠秕状附属物，蓝灰色、黑蓝色至暗紫蓝色，中部近黑色。菌肉近柄处厚 1 ~ 2 mm，白色至带浅粉紫色，伤后不变色。菌褶稍密，盖缘处每厘米 11 ~ 15 片，不等长，弯生到近直生，粉白色至淡粉红色，近盖表面带蓝色。菌柄中生，长 2.5 ~ 3 cm，直径 2 ~ 3 mm，紫蓝色或与盖同色。担孢子（8.5 ~ 12.5）μm ×（8 ~ 8.5）μm，五角形至六角形，淡粉红色。

【生态分布】夏秋季生于林中地上，阴条岭自然保护区内林口子至阴条岭一带有分布，采集编号 500238MFYT0062。

【资源价值】不明。

淡灰蓝粉褶蕈

黑蓝粉褶蕈

【拉丁学名】*Entoloma clypeatum*（L.）P. Kumm.

【系统地位】担子菌门 > 伞菌纲 > 伞菌目 > 粉褶蕈科 > 粉褶蕈属

【形态特征】子实体一般中等。菌盖直径 2 ~ 10 cm，近钟形至平展，中部稍凸起，表面灰褐色或朽叶色，光滑，具深色条纹，湿时水浸状，边缘近波状，老后具不明显短条纹。菌肉白色。菌褶初期粉白色，后变肉粉色，弯生，较稀，边缘齿状至波状，不等长。菌柄中生，长 5 ~ 12 cm，直径 0.5 ~ 1.5 cm，圆柱形，白色，具纵条纹，质脆，内实变空心。孢子呈球状多角形，（8.8 ~ 13.8）μm ×（7.5 ~ 11.3）μm。

【生态分布】夏秋季群生或散生于混交林中地上，阴条岭自然保护区内大官山一带有分布，采集编号 500238MFYT0262。

【资源价值】有毒。

【拉丁学名】*Entoloma conferendum*（Britzelm.）Noordel.

【系统地位】担子菌门 > 伞菌纲 > 伞菌目 > 粉褶蕈科 > 粉褶蕈属

【形态特征】子实体小。菌盖直径 2.3 ~ 5 cm，幼时圆锥形至半球形，成熟后锥状钟形至锥状凸镜形，略平展，中部具不明显乳突或无，有透明条纹直达菌盖中部，浅褐色、米褐色至灰褐色，中部略深，光滑。菌肉灰白色。菌褶直生，密，初白色，后带粉色。菌柄长 3 ~ 7 cm，直径 3 ~ 5 mm，圆柱形，由上向下渐粗，与菌盖同色或稍浅，浅褐色，具白色粉末、纵条纹和丝状光泽；初实心后渐变空心，基部具白色菌丝体。担孢子形状多样，近方形、菱形至星形，厚壁，淡粉红色，（8.5 ~ 11.5）μm ×（7.5 ~ 11）μm。

【生态分布】群生于阔叶林中倒木上或地上，阴条岭自然保护区内林口子一带有分布，采集编号 500238MFYT0238。

【资源价值】不明。

晶盖粉褶蕈

星孢粉褶蕈

【拉丁学名】*Entoloma hirtipes*（Schumach.）M. M. Moser

【系统地位】担子菌门 > 伞菌纲 > 伞菌目 > 粉褶蕈科 > 粉褶蕈属

【形态特征】子实体小。菌盖直径 2 ~ 5 cm，钟状至扁半球形，具长条纹，光滑。菌褶奶油灰色，粉色至棕色，具细波状边缘。菌柄中生，直，长 4 ~ 8 cm，直径 2 ~ 5 mm，圆柱形，棕色至灰色，向基部渐粗，基部被白色绒毛。气味强烈，有腐臭味或类似鱼肝油的味道。孢子不规则 5 ~ 7 角，（11 ~ 14）μm ×（8 ~ 9.5）μm。

【生态分布】夏季生于林中地上，阴条岭自然保护区内兰英至西安村一带有分布，采集编号 500238MFYT0317。

【资源价值】不明。

【拉丁学名】*Entoloma incanum*（Fr.）Hesler

【系统地位】担子菌门 > 伞菌纲 > 伞菌目 > 粉褶蕈科 > 粉褶蕈属

【形态特征】子实体小。菌盖直径 1 ~ 1.5 cm，凸镜形或近钟形，中部具脐凹，黄绿色带灰褐色、绿褐色至浅黄褐色带绿色色调，有直达中部的放射状条纹，光滑或被微细鳞片。菌肉薄，白色。菌褶直生，初白色，成熟后粉色或污粉色。菌柄中生，长 3 ~ 6 cm，直径 2 ~ 3 mm，圆柱形，空心，青黄色，伤后变蓝绿色，基部具白色菌丝体。孢子 6 ~ 8 角，淡粉红色，（11 ~ 14）μm ×（8 ~ 10）μm。

【生态分布】散生或群生于阔叶林中地上，阴条岭自然保护区内林口子一带有分布，采集编号 500238MFYT0204。

【资源价值】有毒。

毛柄粉褶蕈

绿变粉褶蕈

伞菌类

111 地中海粉褶蕈

【拉丁学名】*Entoloma mediterraneense* Noordel. & Hauskn.

【系统地位】担子菌门 > 伞菌纲 > 伞菌目 > 粉褶蕈科 > 粉褶蕈属

【形态特征】子实体小。菌盖直径 1.5 ~ 3.5 cm，凸镜形，中部略凹陷，无条纹或具不明显条纹，深灰色至灰褐色，略带灰蓝色，中部近黑褐色，被灰褐色小鳞片。菌肉近中部厚 0.5 mm，灰白色。菌褶弯生，具短延生小齿，较密，幼时白色，成熟后变为粉色。菌柄中生，长 45 ~ 55 mm，直径 2.5 ~ 4 mm，圆柱形，空心，近污白色至深灰蓝色。孢子 5 ~ 6 角，异径，淡粉红色，（8 ~ 10.5）μm ×（6 ~ 7.5）μm。

【生态分布】生于阔叶林中地上，阴条岭自然保护区内林口子至阴条岭和转坪一带有分布，采集编号 500238MFYT0169。

【资源价值】不明。

112 默里粉褶蕈（穆雷粉褶蕈）

【拉丁学名】*Entoloma murrayi*（Berk. & M. A. Curtis）Sacc. & P. Syd.

【系统地位】担子菌门 > 伞菌纲 > 伞菌目 > 粉褶蕈科 > 粉褶蕈属

【形态特征】子实体小。菌盖直径 2 ~ 4 cm，斗笠形至圆锥形，顶部具显著长尖突或乳突，光滑或具纤毛，成熟后略具丝状光泽，具条纹或浅沟纹，浅黄色至黄色或鲜黄色，有时带柠檬黄色。菌肉薄，近无色。菌褶宽达 5 mm，直生或弯生，较稀，与菌盖同色至带粉红色。菌柄中生，长 4 ~ 8 cm，直径 2 ~ 4 mm，圆柱形，光滑至具纤毛，黄白色、浅黄色至接近菌盖颜色，有细条纹，空心，向下稍膨大。孢子方形，厚壁，淡粉红色，宽 7 ~ 9.5 μm。

【生态分布】夏秋季单生至群生于针阔混交林中地上，阴条岭自然保护区内阴条岭一带有分布，采集编号 500238MFYT0135。

【资源价值】不明。

伞菌类

地中海粉褶蕈

默里粉褶蕈

伞菌类

【拉丁学名】*Entoloma omiense*（Hongo）E. Horak

【系统地位】担子菌门 > 伞菌纲 > 伞菌目 > 粉褶蕈科 > 粉褶蕈属

【形态特征】子实体小。菌盖直径 3 ~ 4 cm，初圆锥形，后斗笠形至近钟形、中部常稍尖或稍钝，浅灰褐色至浅黄褐色，具条纹，光滑。菌肉薄，白色。菌褶直生，较密，幼时白色，成熟后粉红色至淡粉黄色。菌柄中生，长 5 ~ 14 cm，直径 3 ~ 4 mm，圆柱形，近白色至与菌盖颜色接近，光滑，基部具白色菌丝体。孢子 5 ~ 6 角，多 5 角，等径至近等径，淡粉红色，（9.5 ~ 12.5）μm ×（9 ~ 11.5）μm。

【生态分布】单生或散生于地上，阴条岭自然保护区内林口子至蛇梁子一带有分布，采集编号 500238MFYT0239。

【资源价值】不明。

【拉丁学名】*Entoloma sericeum* Quél.

【系统地位】担子菌门 > 伞菌纲 > 伞菌目 > 粉褶蕈科 > 粉褶蕈属

【形态特征】子实体小。菌盖直径 1.7 ~ 3.0 cm，平展至边缘反卷，中央有脐突，干燥，丝质，中心有细鳞片，深灰色，边缘色浅，有暗条纹。菌肉白色，薄。菌褶弯生，不等长，较密；初期白色，后变粉红色。菌柄圆柱形，长 3 ~ 5 cm，直径 2 ~ 4 mm，上下等粗，暗灰色，基部少量白色菌丝体。孢子异径，5 ~ 6 角，光滑透明。

【生态分布】夏季生于林中地上，阴条岭自然保护区内林口子至蛇梁子一带有分布，采集编号 500238MFYT0357。

【资源价值】不明。

黄条纹粉褶蕈

丝状粉褶蕈

【拉丁学名】*Entoloma strictius*（Peck）Sacc.

【系统地位】担子菌门＞伞菌纲＞伞菌目＞粉褶蕈科＞粉褶蕈属

【形态特征】子实体小。菌盖直径 2 ~ 6 cm，锥形，有时近钟形或略平展，中部具小乳突，灰白色、灰褐色或浅灰黄褐色，光滑，有不明显至稍明显条纹，边缘整齐。菌肉薄，与菌盖同色。菌褶直生，白色至粉色，较密，边缘波状。菌柄中生，长 6.5 ~ 20 cm，直径 3 ~ 6 mm，圆柱形，空心，具纵条纹，扭曲，基部具白色菌丝体。孢子 5 ~ 6 角，异径，淡粉红色，（10 ~ 13）μm ×（7.5 ~ 11）μm。

【生态分布】散生或群生于阔叶林中地上，阴条岭自然保护区内林口子一带有分布，采集编号 500238MFYT0331。

【资源价值】不明。

【拉丁学名】*Entoloma tubaeforme* T. H. Li，Battistin，W. Q. Deng & Gelardi

【系统地位】担子菌门＞伞菌纲＞伞菌目＞粉褶蕈科＞粉褶蕈属

【形态特征】菌盖直径 1.6 ~ 4 cm，明显中凹，漏斗形至喇叭状，被放射状纤毛或条纹，淡灰橙褐色至深褐色，边缘渐浅、渐光滑，干。菌肉白色，薄。菌褶延生，宽达 6 mm，初白色，成熟后粉红色，密，不等长，具小菌褶。菌柄长 2.2 ~ 4 cm，直径 2 ~ 4 mm，圆柱形，中生，近白色至带菌盖颜色，有时水渍状，基部具白色菌丝体。担孢子（8 ~ 11.5）μm ×（6.5 ~ 9）μm，异径，4 ~ 6 角，厚壁。

【生态分布】夏季生于林中地上，阴条岭自然保护区内林口子至转坪一带有分布，采集编号 500238MFYT0362。

【资源价值】不明。

直柄粉褶蕈

喇叭状粉褶蕈

伞菌类

【拉丁学名】*Flammulina velutipes*（Curtis）Singer

【系统地位】担子菌门 > 伞菌纲 > 伞菌目 > 泡头菌科 > 小火焰菌属

【形态特征】子实体小。菌盖直径 1.5 ~ 7 cm，幼时扁平球形，后扁平至平展，淡黄褐色至黄褐色，中央色较深，边缘乳黄色并有细条纹，湿时稍黏。菌肉中央厚，边缘薄，白色，柔软。菌褶弯生，白色至米色，稍密，不等长。菌柄长 3 ~ 7 cm，直径 0.2 ~ 1 cm，圆柱形，顶部黄褐色，下部暗褐色至近黑色，被绒毛，不胶黏，纤维质，内部松软，后空心，下部延伸似假根并紧紧靠在一起。孢子椭圆形至长椭圆形，光滑，无色或淡黄色，非淀粉质，（8 ~ 12）μm ×（3.5 ~ 4.5）μm。

【生态分布】早春和晚秋至初冬，丛生于阔叶林腐木桩上或根部，其假根着生于土中腐木上，阴条岭自然保护区内林口子、蛇梁子和阴条岭一带有分布，采集编号 500238MFYT0205。

【资源价值】知名栽培食用菌，食药兼用。

【拉丁学名】*Galerina marginata*（Batsch）Kühner

【系统地位】担子菌门 > 伞菌纲 > 伞菌目 > 球盖菇科 > 盔孢伞属

【形态特征】子实体小。菌盖直径 1.5 ~ 4 cm，黄褐色，边缘有细条棱，初期近圆锥形，后期近平展，中部乳头状突起。菌肉薄。菌褶直生至近离生，初期淡黄色，后期黄褐色。菌柄中生，细长，上部污黄色，下部暗褐色，长 2 ~ 5 cm，直径 1 ~ 3 mm，柄上部有膜质菌环。孢子椭圆形，粗糙，（8.5 ~ 9.5）μm ×（5 ~ 6）μm。

【生态分布】夏秋季群生于针叶树腐木上，阴条岭自然保护区内林口子至阴条岭一带有分布，采集编号 500238MFYT0213。

【资源价值】有毒。

伞菌类

金针菇

纹缘盔孢伞

【拉丁学名】*Galerina sideroides*（Bull.）Kühner

【系统地位】担子菌门＞伞菌纲＞伞菌目＞球盖菇科＞盔孢伞属

【形态特征】子实体小。菌盖直径 1～2 cm，半圆形至平凸，初为棕色至棕黄色，干燥后变棕色，边缘有淡条纹。菌褶近紧密，浅棕色，干燥后变棕色。菌柄长 1～2 cm，直径 1～3 mm，圆柱形，有纵条纹，褐色。孢子椭圆形，光滑，淀粉质，（5.5～7）μm×（3.5～4.5）μm。

【生态分布】夏季生于林中地上，阴条岭自然保护区内林口子至阴条岭一带有分布，采集编号 500238MFYT0408。

【资源价值】不明。

【拉丁学名】*Galerina sulciceps*（Berk.）Boedijn

【系统地位】担子菌门＞伞菌纲＞伞菌目＞球盖菇科＞盔孢伞属

【形态特征】子实体小。菌盖直径 1～3 cm，扁平至平展，黄褐色，中央稍下陷且具小乳突，边缘波状，具有明显可达菌盖中央的辐射状沟条。菌肉薄，近白色至淡褐色。菌褶弯生，淡褐色，稀。菌柄长 3～5 cm，直径 3～5 mm，顶部黄色，向下颜色变深，基部黑褐色。菌环无。孢子（7.5～10）μm×（4.5～5）μm，杏仁形至椭圆形，具小疣和盔状外膜，锈褐色。

【生态分布】夏秋季生于热带至南亚热带林中腐殖质上或腐木上，阴条岭自然保护区内阴条岭和转坪一带有分布，采集编号 500238MFYT0047。

【资源价值】剧毒。

铁盔孢伞

条盖盔孢伞

【拉丁学名】*Gliophorus laetus*（Pers.）Herink

【系统地位】担子菌门 > 伞菌纲 > 伞菌目 > 蜡伞科 > 湿果伞属

【形态特征】子实体小。菌盖直径 1.5 ~ 3 cm，起初凸，后近平展，中央有浅凹陷，黏，光滑，中央带橙色，其他部位呈浅粉红色。菌褶下延，离生，奶油味。菌柄中生，长 2 ~ 4 cm，直径 2 ~ 3 mm，近等粗，光滑，橙色，中空。孢子椭圆形或泪状，光滑，淀粉质，（6 ~ 9）μm×（3.5 ~ 4.5）μm。

【生态分布】夏秋季散生或群生于林中地上、草坪或荒地上，阴条岭自然保护区内千字筏一带有分布，采集编号 500238MFYT0366。

【资源价值】不明。

【拉丁学名】*Gliophorus psittacinus*（Schaeff.）Herink

【系统地位】担子菌门 > 伞菌纲 > 伞菌目 > 蜡伞科 > 湿果伞属

【形态特征】子实体小。菌盖直径 2 ~ 2.5 cm，半球形至近椭圆形，光滑，黏，球形至扁半球形，颜色可变，通常先为深绿色，后从中心向外迅速变为橙黄色，最后呈暗橙黄色。菌褶离生，开始时淡绿色，后边黄色。菌柄中生，长 1 ~ 4 cm，直径 2 ~ 3 mm，近等粗，光滑，黏，幼时上面淡绿色，下面橙黄色，后呈淡黄色。孢子椭圆形，光滑，淀粉质，（6 ~ 9）μm×（3.5 ~ 4.5）μm。

【生态分布】夏秋季散生或群生于阔叶林或针叶林中地上，阴条岭自然保护区内大官山一带有分布，采集编号 500238MFYT0261。

【资源价值】有毒。

可爱湿果伞

湿果伞

【拉丁学名】*Gymnopilus aurantiobrunneus* Z. S. Bi

【系统地位】担子菌门 > 伞菌纲 > 伞菌目 > 球盖菇科 > 裸伞属

【形态特征】子实体小。菌盖直径 1.8 ~ 5 cm，扁半球形至平展形，浅黄色至黄褐色或锈褐色至紫褐色，不黏，上被绒毛及鳞片。菌肉近柄处厚 1 ~ 5 mm，白色或黄色至肉黄色或淡黄色，伤不变色。菌褶黄褐色或锈褐色，不等长。菌柄长 1 ~ 3.7 cm，直径 1 ~ 6 mm，中生至偏生，上有鳞片或纤毛，黄褐色或紫褐色。孢子 (5 ~ 8) μm × (4 ~ 5) μm，椭圆形，具细小疣至近平滑，无芽孔，锈褐色。

【生态分布】夏秋季散生或群生于阔叶林中腐木上，阴条岭自然保护区内阴条岭和转坪一带有分布，采集编号 500238MFYT0071。

【资源价值】不明。

【拉丁学名】*Gymnopilus fulgens*（J. Favre & Maire）Singer

【系统地位】担子菌门 > 伞菌纲 > 伞菌目 > 球盖菇科 > 裸伞属

【形态特征】子实体小。菌盖直径 0.5 ~ 2.5 cm，扁半球形至平展，黄褐或锈褐色，中部稍凸或稍平凹，光滑或边缘有微小鳞片。菌肉薄，黄色。菌褶初期黄色，后呈红褐色，直生，密，不等长。菌柄长 0.5 ~ 2.5 cm，较盖色浅，少有鳞片及有环的残迹。孢子有疣，椭圆形至肾形，(9 ~ 11) μm × (6 ~ 7) μm。

【生态分布】秋季群生或丛生于林地腐物上，阴条岭自然保护区内林口子至阴条岭一带有分布，采集编号 500238MFYT0104。

【资源价值】有毒。

橙褐裸伞

发光裸伞

【拉丁学名】*Gymnopilus junonius*（Fr.）P. D. Orton

【系统地位】担子菌门 > 伞菌纲 > 伞菌目 > 球盖菇科 > 裸伞属

【形态特征】子实体小至中等。菌盖直径 3 ~ 6 cm，平凸，边缘内卷，不规则，成熟时分裂，中心灰橙色，边缘浅橙色，菌肉厚 4 mm，乳白色至浅黄色。菌褶直生至下延，淡橙色至棕橙色形。菌柄长 2.5 ~ 5.5 cm，圆柱形，近等粗，基部呈球根状，浅橙色至棕橙色，具纤维状鳞片，基部被白色绒毛。孢子椭圆形，拟糊精质，（7.5 ~ 9）μm ×（5 ~ 6）μm。

【生态分布】夏季生于林中地上，阴条岭自然保护区内干河坝至骡马店一带有分布，采集编号 500238MFYT0255。

【资源价值】有毒。

【拉丁学名】*Gymnopilus picreus*（Pers.）P. Karst.

【系统地位】担子菌门 > 伞菌纲 > 伞菌目 > 球盖菇科 > 裸伞属

【形态特征】子实体小。菌盖直径 0.5 ~ 4 cm，初为半球形至钝圆锥形，后为宽圆锥形至平凸，橙棕色、红棕色，新鲜时呈红锈棕色，表面有细疣粒状、疣状绒毛或纤丝状皱纹。菌褶密，近柄微缺或稍下延，深黄色，老时呈黄褐色。菌柄长 1 ~ 5 cm，直径 1.5 ~ 5 mm，圆柱形，基部有时略呈球根状，深锈棕色至赭棕色，被白黄色至黄色絮状绒毛。孢子侧面杏仁形，正面卵圆形，（8.5 ~ 10.5）μm ×（5.5 ~ 6.5）μm。

【生态分布】夏秋季生于林中地上，阴条岭自然保护区内大官山一带有分布，采集编号 500238MFYT0272。

【资源价值】不明。

橙裸伞

苦裸伞

【拉丁学名】*Gymnopus dryophilus*（Bull.）Murrill

【系统地位】担子菌门 > 伞菌纲 > 伞菌目 > 类脐菇科 > 裸伞属

【形态特征】子实体小。菌盖直径 2 ~ 7 cm，初期凸镜形，后期平展，赭黄色至浅棕色，中部颜色较深，表面光滑，边缘平整至近波状，水渍状。菌肉白色，伤不变色。菌褶离生，稍密，污白色至浅黄色，不等长，褶缘平滑。菌柄长 3 ~ 7 cm，直径 0.3 ~ 5 mm，圆柱形，脆，黄褐色。孢子椭圆形，光滑，无色，非淀粉质，（4.3 ~ 6.3）μm ×（2.7 ~ 3.2）μm。

【生态分布】夏秋季簇生于林中地上，阴条岭自然保护区内林口子至阴条岭和转坪一带有分布，采集编号 500238MFYT0058。

【资源价值】可食用。

【拉丁学名】*Gymnopus erythropus*（Pers.）Antonín，Halling & Noordel.

【系统地位】担子菌门 > 伞菌纲 > 伞菌目 > 类脐菇科 > 裸伞属

【形态特征】子实体小。菌盖直径 0.8 ~ 3.4 cm，幼时为半球形，成熟时呈扁平凸状，有条纹，潮湿，边缘波状，深棕色至浅棕色，至灰橙色，边缘米色，吸水，失水后变成米色、桃色。菌褶幼时为米色，成熟时颜色变深为灰橙色。菌柄中生，长 2 ~ 5.5 cm，直径 0.5 ~ 2.5 mm，圆柱形，向底部稍渐细，有时压扁，粉红色，柔韧，基部黑色，上部棕色至米色。孢子泪状至泪状椭球体，光滑，淀粉质，（7.2 ~ 10.4）μm ×（3.2 ~ 5.6）μm。

【生态分布】夏季生于林中地上，阴条岭自然保护区内林口子至阴条岭一带有分布，采集编号 500238MFYT0231。

【资源价值】可食用。

栎裸柄伞

红柄裸柄伞

【拉丁学名】*Gymnopus melanopus* A. W. Wilson，Desjardin & E. Horak

【系统地位】担子菌门 > 伞菌纲 > 伞菌目 > 类脐菇科 > 裸伞属

【形态特征】子实体小。菌盖直径 1.5 ~ 3 cm，半球形至凸形，中心稍凹陷，米色至米桃色，边缘奶油色。菌褶贴生，米色至米桃色。菌柄长 2 ~ 5 cm，直径 1 ~ 2 mm，中生，圆柱状或压扁，近等粗，浅黄色至浅棕色，基部具细绒毛。孢子泪状至泪状椭圆体，淀粉质，光滑，（6.5 ~ 8）μm ×（3 ~ 4.5）μm。

【生态分布】夏秋季散生或群生于阔叶树落叶层上，阴条岭自然保护区内林口子至转坪一带有分布，采集编号 500238MFYT0051。

【资源价值】不明。

【拉丁学名】*Gymnopus subnudus*（Ellis ex Peck）Halling

【系统地位】担子菌门 > 伞菌纲 > 伞菌目 > 类脐菇科 > 裸伞属

【形态特征】子实体小。菌盖直径 2 ~ 4 cm，幼时扁半球形，老时平凸，浅棕色，具放射状条纹。菌褶贴生，幼时白色，老时变暗至粉红色。菌柄长 3 ~ 7 cm，直径 3 ~ 5 mm，中生，圆柱状或压扁，近等粗，浅黄色至浅棕色，基部具细绒毛。孢子正面泪状至椭圆形，侧面略呈肾形，淀粉质，光滑，（8.5 ~ 11）μm ×（3 ~ 4）μm。

【生态分布】夏秋季散生或群生于阔叶树落叶层上，阴条岭自然保护区内干河坝至骡马店一带有分布，采集编号 500238MFYT0370。

【资源价值】不明。

黑柄裸柄伞

近裸裸柄伞

【拉丁学名】*Heimioporus japonicus*（Hongo）E. Horak

【系统地位】担子菌门 > 伞菌纲 > 牛肝菌目 > 牛肝菌科 > 网孢牛肝菌属

【形态特征】子实体中等。菌盖直径 3 ~ 10 cm，半球形至平展，紫红色至暗红色，光滑或具有微细绒毛。菌肉近柄处厚 5 ~ 8 mm，白色至淡黄色，伤不变色或微变蓝色。菌管长 3 ~ 5 mm，在菌柄周围稍下陷，黄色至黄绿色，伤不变色或微变蓝色。孔口小，多角形。菌柄长 6 ~ 14.5 cm，直径 0.8 ~ 1.5 cm，圆柱形，与菌盖同色，但顶端靠近菌管处与菌管颜色相同，有明显的网纹状疣突，实心，基部有白色菌丝体。孢子（11 ~ 14）μm×（7 ~ 8）μm，椭圆形，壁上具有明显的网格状纹，淡黄色。

【生态分布】夏秋季散生于阔叶林或针阔混交林中地上，阴条岭自然保护区内林口子至阴条岭一带有分布，采集编号 500238MFYT0400。

【资源价值】有毒。

【拉丁学名】*Hodophilus foetens*（W. Phillips）Birkebak & Adamčik

【系统地位】担子菌门 > 伞菌纲 > 伞菌目 > 口蘑科 > 路边菇属

【形态特征】子实体小。菌盖直径 0.5 ~ 4 cm，凸至平凸，有时在中心微凹，边缘内折，后直，有圆齿，表面无光泽，光滑，幼时浅棕色、黄棕色或深棕色，边缘呈灰橙色或浅棕色，成熟时有斑点或全棕黑色。菌柄长 1.5 ~ 7 cm，直径 1 ~ 4 mm，圆柱形，向基部变窄，通常弯曲，光滑，有光泽，基部有时被白色绒毛。孢子宽椭圆形，透明，光滑，淀粉质，薄壁，（5.1 ~ 5.9）μm×（4.2 ~ 4.7）μm。

【生态分布】夏季生于林中地上，阴条岭自然保护区内林口子至阴条岭一带有分布，采集编号 500238MFYT0358。

【资源价值】不明。

日本网孢牛肝菌

臭路边菇

【拉丁学名】*Hohenbuehelia auriscalpium*（Maire）Singer

【系统地位】担子菌门 > 伞菌纲 > 伞菌目 > 侧耳科 > 亚侧耳属

【形态特征】子实体中等。菌盖直径 3 ~ 7 cm，勺形或扇形或匙形，向柄部渐细，无后沿，初白色，后呈淡粉灰色至浅褐色，水浸状，稍黏，边缘有不明显条纹。菌肉白色，无味。菌褶稠密，不等长，延生，窄，白色，干时淡奶油色或黄赭褐色。菌柄长 1 ~ 3 cm，直径 0.5 ~ 1 cm，圆柱形，侧生，污白色，有细绒毛。孢子近椭圆形，光滑，无色，薄壁，有内含物，非淀粉质，（6 ~ 8）μm ×（4 ~ 5）μm。

【生态分布】群生至叠生或近丛生于针阔混交林中腐木上，阴条岭自然保护区内林口子一带有分布，采集编号 500238MFYT0235。

【资源价值】可药用。

【拉丁学名】*Hourangia cheoi*（W.F. Chiu）Xue T. Zhu & Zhu L. Yang

【系统地位】担子菌门 > 伞菌纲 > 牛肝菌目 > 牛肝菌科 > 厚瓤牛肝菌属

【形态特征】子实体小至中等。菌盖直径 2 ~ 8 cm，半球形，凸到扁平，有时呈弧形；幼时表面密被红棕色或暗棕色粒状鳞片，老后变为放射状簇状鳞片，干燥。菌肉脏白色，伤时变蓝，然后在几分钟内变成红色或红棕色，最后慢慢变成棕色到黑色。菌柄长 5 ~ 8 cm，直径 3 ~ 6 mm，圆柱形，实心，棕色，浅红棕色至浅棕色，近光滑，有时具细纤丝；整体呈脏白色，基部菌丝脏白色。孢子近梭形，棕黄色，淀粉质，（10 ~ 12.5）μm ×（4 ~ 4.5）μm。

【生态分布】夏季生于壳斗科松属等混交林中地上，阴条岭自然保护区内林口子至阴条岭一带有分布，采集编号 500238MFYT0148。

【资源价值】不明。

伞菌类

勺状亚侧耳

光柄厚瓤牛肝菌

【拉丁学名】 *Hygrocybe cantharellus*（Schwein.）Murrill

【系统地位】 担子菌门 > 伞菌纲 > 伞菌目 > 蜡伞科 > 湿伞属

【形态特征】 子实体小。菌盖直径 2 ~ 4 cm，幼时钝圆锥形至凸镜形，后中部下凹，呈漏斗形；表面初期绢状，后中部具细微鳞片，边缘贝壳形或波状，幼时红棕色至橙红色，老后变淡。菌肉薄，污白色至橙黄色。菌褶延生，稍稀，橙色至黄色，褶缘平滑。菌柄中生，长 4 ~ 7 cm，直径 3 ~ 5 mm，圆柱形或稍扁圆形，上下近等粗，质地脆，光滑，上部橙黄色，基部白色，初实心，后空心。孢子椭圆形，光滑，无色，（7.5 ~ 11）μm ×（5 ~ 6.5）μm。

【生态分布】 夏秋季群生或散生于针叶林中地上，阴条岭自然保护区内转坪及其至阴条岭一带有分布，采集编号 500238MFYT0310。

【资源价值】 可食用。

【拉丁学名】 *Hygrocybe chlorophana*（Fr.）Wünsche

【系统地位】 担子菌门 > 伞菌纲 > 伞菌目 > 蜡伞科 > 湿伞属

【形态特征】 子实体一般小。菌盖直径 2 ~ 5 cm，初期半球形到钟形，后平展，硫黄色至金黄色，表面黏而光滑，边缘有细条纹或常开裂。菌肉淡黄色，薄，脆。菌褶同盖色或稍浅，稍稀，薄，直生到弯生。菌柄同盖色，长 4 ~ 8 cm，直径 3 ~ 8 mm，圆柱形，稍弯曲，表面平滑，黏，往往有纵裂纹。孢子印白色。

【生态分布】 夏季生于林中地上，阴条岭自然保护区内林口子至转坪一带有分布，采集编号 500238MFYT0067。

【资源价值】 可食用。

伞菌类

舟湿伞

硫黄湿伞

【拉丁学名】*Hygrocybe conica*（Schaeff.）P. Kumm.

【系统地位】担子菌门 > 伞菌纲 > 伞菌目 > 蜡伞科 > 湿伞属

【形态特征】子实体小。菌盖直径 2 ~ 7 cm，初期圆锥形，后渐伸展，中部锐突，外表皮常破裂为纤维状绒毛；边缘常破裂上翘；幼时中部红棕色或橙黄色，边缘色淡，成熟后变为橄榄灰色至黑色，伤后迅速变为黑色。菌肉薄，初期淡红棕色，渐变为灰黑色，伤后变黑色。菌褶离生，稍密，污白色至橙黄色，老后黑色，边缘通常锯齿状。菌柄中生，长 6 ~ 13 cm，直径 0.5 ~ 1.2 cm，空心，圆柱形，质地极脆，上部暗红色或橙黄色，基部污白色，伤后和老后变黑色。孢子椭圆形，光滑，无色，（10.5 ~ 12.9）μm ×（5.6 ~ 7.8）μm。

【生态分布】夏秋季群生或散生于林中地上，阴条岭自然保护区内林口子一带有分布，采集编号 500238MFYT0201。

【资源价值】有毒。

【拉丁学名】*Hygrocybe miniata*（Fr.）P. Kumm.

【系统地位】担子菌门 > 伞菌纲 > 伞菌目 > 蜡伞科 > 湿伞属

【形态特征】子实体小。菌盖直径 1 ~ 4 cm，初期扁半球形至钝圆锥形，后渐平展，中部略微突起，不黏，近光滑或具细微鳞片，湿时红棕色，干后色淡。菌肉薄，淡黄色。菌褶贴生至近延生，稀，较厚，蜡质，浅黄色。菌柄中生，长 3 ~ 5 cm，直径 3 ~ 5 mm，圆柱形或略扁，有时弯曲，初实心，后空心，脆骨质，表面光滑，上部橙色略带红棕色，下部色淡。孢子椭圆形，光滑，无色，（7.5 ~ 11）μm ×（5 ~ 6）μm。

【生态分布】春末至秋季散生、群生于阔叶林中地上或草地上，阴条岭自然保护区内林口子至阴条岭一带有分布，采集编号 500238MFYT0117。

【资源价值】可食用。

伞菌类

变黑湿伞

朱红湿伞

【拉丁学名】*Hygrocybe punicea*（Fr.）P. Kumm.

【系统地位】担子菌门 > 伞菌纲 > 伞菌目 > 蜡伞科 > 湿伞属

【形态特征】子实体小。菌盖直径 2 ~ 6 cm，锥形、钟形、钝圆锥形至平凸，深红色至深红橙色，老时呈放射状分裂。菌褶附生，厚而蜡状，淡黄色至红橙色。菌柄中生，长 4 ~ 10 cm，直径可达 1.5 cm，两端近等粗或稍变细，黄色至橙色。孢子椭圆形，光滑，淀粉质，（8 ~ 10.5）μm ×（4 ~ 5.5）μm。

【生态分布】夏季生于林中地上，阴条岭自然保护区内林口子至转坪一带有分布，采集编号 500238MFYT0070。

【资源价值】可食用。

【拉丁学名】*Hygrocybe reidii* Kühner

【系统地位】担子菌门 > 伞菌纲 > 伞菌目 > 蜡伞科 > 湿伞属

【形态特征】子实体小。菌盖直径 2 ~ 3.5 cm，锥形、宽钟形或平凸，亮橙色。菌褶附生，淡橙色，后褪为黄色。菌肉淡橙色，伤不变色。菌柄中生，长 3 ~ 5 cm，直径可达 3 ~ 5 mm，近等粗，淡橙色至淡黄色，基部白色，被细的纤维毛。孢子椭圆形，光滑，淀粉质，（6 ~ 10）μm ×（4 ~ 5）μm。

【生态分布】夏季单生于林中地上，阴条岭自然保护区内天池坝一带有分布，采集编号 500238MFYT0319。

【资源价值】不明。

红紫湿伞

里德湿伞

【拉丁学名】*Hygrocybe suzukaensis*（Hongo）Hongo

【系统地位】担子菌门 > 伞菌纲 > 伞菌目 > 蜡伞科 > 湿伞属

【形态特征】子实体小。菌盖直径 2 ~ 5 cm，扁半球形至扁平，橙红色或橘红色，平滑，黏。菌肉白色。菌褶白色带黄色，直生近延生，稀。菌柄中生，长 3 ~ 6 cm，直径 5 ~ 7 mm，同盖色，往往基部色浅或白色，表面平滑，空心。孢子宽卵圆形，（11 ~ 15）μm ×（7.5 ~ 8.5）μm。

【生态分布】夏秋季群生或近丛生于林中地上，阴条岭自然保护区内大官山一带有分布，采集编号 500238MFYT0266。

【资源价值】不明。

【拉丁学名】*Hygrophorus speciosus* Peck

【系统地位】担子菌门 > 伞菌纲 > 伞菌目 > 蜡伞科 > 蜡伞属

【形态特征】子实体小。菌盖直径 2 ~ 5 cm，扁半球形至近平展，有时中部稍凸起，边缘内卷，橘黄色、橘红色至金黄色，中部往往色较深，光滑，黏或湿润时黏。菌肉白色或带黄色。菌褶白色或淡黄色，直生至延生，较稀，不等长。菌柄长 4.5 ~ 10 cm，直径 0.4 ~ 1.2 cm，近圆柱形，带白色或淡黄色至浅橘黄色，内实，黏，具小纤毛。孢子光滑，椭圆形，（7 ~ 11）μm ×（4 ~ 6）μm。

【生态分布】夏季生于林中地上，阴条岭自然保护区内转坪至阴条岭和干河坝至骡马店一带有分布，采集编号 500238MFYT0172。

【资源价值】不明。

朱黄湿伞

美丽蜡伞

【拉丁学名】 *Hymenopellis colensoi*（Dörfelt）R. H. Petersen

【系统地位】 担子菌门 > 伞菌纲 > 伞菌目 > 泡头菌科 > 长根菇属

【形态特征】 子实体中等至较大。菌盖直径 4 ~ 10 cm，浅圆锥形，湿润，黏稠，深棕色至棕黑色，具脉纹，边缘偶尔呈网状。菌褶贴生，浅黄色或灰色，伤时呈微红色。菌柄露出地面部分长 10 ~ 15 cm，直径 3 ~ 10 mm，上面苍白，向下米白色至棕色；地下部分长 1.5 ~ 2.5 cm，空心，假根突立。孢子球形至近球形或宽椭圆形，光滑至轻微凹痕，薄壁，透明，（12 ~ 16）μm ×（12.5 ~ 13.5）μm。

【生态分布】 夏季生于林中地上，阴条岭自然保护区内林口子至蛇粱子一带有分布，采集编号 500238MFYT0001。

【资源价值】 不明。

【拉丁学名】 *Hymenopellis hygrophoroides*（Singer & Clémençon）R. H. Petersen

【系统地位】 担子菌门 > 伞菌纲 > 伞菌目 > 泡头菌科 > 长根菇属

【形态特征】 子实体小至中等。菌盖直径 3 ~ 5 cm，中央下凹，边缘不反卷，浅黄褐色，平滑，有辐射状脉纹。菌肉薄，白色。菌褶白色，不等长，明显向菌柄上延伸。菌柄圆柱形，长 4 ~ 6 cm，上部白色，向下色深渐变至菌盖色，基部略膨大，有假根。

【生态分布】 夏季生于林中地上，阴条岭自然保护区内林口子至阴条岭一带有分布，采集编号 500238MFYT0103。

【资源价值】 不明。

科伦索长根菇

蜡伞长根菇

【拉丁学名】*Hypholoma fasciculare*（Huds.）P. Kumm.

【系统地位】担子菌门＞伞菌纲＞伞菌目＞球盖菇科＞垂幕菇属

【形态特征】子实体小。菌盖直径0.3～4 cm，初期圆锥形至钟形，近半球形至平展，中央钝至稍尖，硫黄色至盖顶稍红褐色至橙褐色，光滑，盖缘硫黄色至灰硫黄色，并吸水至稍水渍状，干后易转变为黑褐色至暗红褐色，或水渍状部位暗褐色，有时干后不变色；盖缘初期覆有黄色丝膜状菌幕残片，后期消失。菌肉浅黄色至柠檬黄色。菌褶弯生，初期硫黄色，后逐渐变为橄榄绿色，最后变为橄榄紫褐色。菌柄长1～5 cm，直径1～4 mm，圆柱形，硫黄色，向下逐渐变为橙黄色至暗红褐色，有时具有菌幕残痕或易消失的菌环，基部具有黄色绒毛。孢子（5.5～6.5）μm×（4～4.5）μm，椭圆形至长椭圆形，光滑，淡紫灰色。

【生态分布】夏秋季簇生至丛生于腐烂的针阔叶树伐木、木桩、倒木、树枝上或埋入地下的腐木上，阴条岭自然保护区内红旗管护站至干河坝一带有分布，采集编号500238MFYT0338。

【资源价值】有毒。

【拉丁学名】*Hypholoma lateritium*（Schaeff.）P. Kumm.

【系统地位】担子菌门＞伞菌纲＞伞菌目＞球盖菇科＞垂幕菇属

【形态特征】子实体小至中等。菌盖直径1～9 cm，初期半球形至突起，后变为宽突起至平展，有时凸顶圆头形，成熟后盖缘稍内卷或上卷，不黏至带湿气，浅茶褐色或红褐色至砖红色；边缘颜色浅，初期白色、黄白色、灰黄色至淡黄色，覆层白色至灰白色绵毛状柔毛，或具有菌幕残片，易脱落；盖顶通常不规则裂开。菌肉白色至近白色，伤后变暗色。菌褶弯生至稍直生，初期白色至黄白色，逐渐呈橄榄绿色后变为暗灰色，最后呈浅紫褐色至深紫褐色，有时呈橄榄绿褐色或橄榄黄色。菌柄长3～10 cm，直径4～8 mm，上部白色至黄白色、水渍状白色，下部褐色至锈褐色。无菌环。孢子（6～7）μm×（4～5）μm，宽椭圆形至椭圆形，光滑，淡紫灰色。

【生态分布】晚夏和秋季丛生至簇生于腐烂的阔叶树树皮、伐木、倒木、树桩上或埋入地下的腐木上，阴条岭自然保护区内林口子至阴条岭一带有分布，采集编号500238MFYT0397。

【资源价值】有毒。

伞菌类

簇生垂幕菇

砖红垂幕菇

【拉丁学名】*Imleria subalpina* Xue T. Zhu & Zhu L. Yang

【系统地位】担子菌门 > 伞菌纲 > 牛肝菌目 > 牛肝菌科 > 褐牛肝菌属

【形态特征】子实体中等。菌盖直径 4 ~ 8 cm，扁半球形，渐扁平至平展，红褐色至暗褐色，湿时稍黏，边缘稍延伸。菌肉米色至黄色，伤后缓慢变淡蓝色。菌管及孔口初期淡黄色至柠檬黄色，成熟后橄榄黄色，伤后缓慢变蓝色。菌柄长 5 ~ 7 cm，直径 0.8 ~ 1.7 cm，圆柱形至棒形，向下渐粗，顶端淡黄色，其他部位与菌盖同色或稍淡，被淡褐色至暗褐色鳞片。孢子梭形，光滑浅黄色，（11 ~ 15）μm ×（4.5 ~ 6）μm。

【生态分布】夏秋季生于针叶林中地上，阴条岭自然保护区内林口子至阴条岭一带有分布，采集编号 500238MFYT0131。

【资源价值】不明。

【拉丁学名】*Inocybe asterospora* Quél.

【系统地位】担子菌门 > 伞菌纲 > 伞菌目 > 丝盖伞科 > 丝盖伞属

【形态特征】子实体小。菌盖直径 2 ~ 3.5 cm，土黄褐色，表面有较明显的细缝裂，呈放射状条纹，边缘开裂，盖中央突起，突起处有不明显的平伏鳞片，盖缘无丝膜状菌幕残留。菌肉有很浓的土腥味，肉质，白色。菌褶弯生或稍离生，初期白色，后变灰色，中等密，褶片较薄，褶缘带白色。菌柄长 6 ~ 8 cm，直径 3 ~ 5 mm，圆柱形，实心，与菌盖同色，向下渐粗，被细密白霜，直至柄基部。孢子星形，淡褐色，（10 ~ 11）μm ×（8 ~ 9.5）μm。

【生态分布】夏秋季单生于阔叶林中地上，阴条岭自然保护区内大官山一带有分布，采集编号 500238MFYT0302。

【资源价值】有毒。

亚高山褐牛肝菌

星孢丝盖伞

【拉丁学名】*Inocybe auricoma*（Batsch）Sacc.

【系统地位】担子菌门 > 伞菌纲 > 伞菌目 > 丝盖伞科 > 丝盖伞属

【形态特征】子实体小。菌盖直径 1 ~ 3 cm，圆锥形至钟形或斗笠形，最后近平展，有黄褐色放射状纤毛条纹，中部凸起且色深。菌肉污白色，薄。菌褶污白至浅红褐色，近直生，稍密。菌柄长 3.5 ~ 5 cm，直径 0.2 ~ 0.3 cm，柱形，污白黄色，平滑或有小条纹。孢子光滑，近椭圆形，（8.5 ~ 10）μm ×（ 4 ~ 5.5 ）μm。

【生态分布】秋季生于林中地上，阴条岭自然保护区内林口子至阴条岭和转坪一带有分布，采集编号 500238MFYT0040。

【资源价值】有毒。

【拉丁学名】*Inocybe euviolacea* E. Ludw.

【系统地位】担子菌门 > 伞菌纲 > 伞菌目 > 丝盖伞科 > 丝盖伞属

【形态特征】菌盖直径 1 ~ 1.5 cm，幼时锥形，后逐渐平展，中部有小突起，蓝紫色至深紫丁香色，光滑。菌肉厚 1 ~ 2 mm，土味淡，肉质，白色。菌褶中等密，颜色较菌盖略浅，直生，褶缘不平滑。菌柄长 2.2 ~ 3.2 cm，直径 1.5 ~ 2 mm，圆柱形，等粗或向下渐粗，基部膨大，蓝紫色，顶部具白霜状鳞片，实心。担孢子（8.5 ~ 10）μm ×（5 ~ 6 ）μm，近杏仁形，顶端稍钝，光滑，黄褐色。

【生态分布】夏季生于林中地上，阴条岭自然保护区内林口子至蛇梁子一带有分布，采集编号 500238MFYT0250。

【资源价值】不明。

小黄褐丝盖伞

蓝紫丝盖伞

【拉丁学名】*Inocybe geophylla* P. Kumm.

【系统地位】担子菌门 > 伞菌纲 > 伞菌目 > 丝盖伞科 > 丝盖伞属

【形态特征】子实体小。菌盖直径 1.1 ~ 1.5 cm，幼时锥形，后逐渐平展，盖中央明显突起，光滑且具丝状质感，成熟后细缝裂至边缘明显开裂，白色或稍带淡黄色。菌肉浓土腥味，肉质，白色或带淡黄色。菌褶宽达 2 mm，幼时白色，后灰色至淡褐色，稍疏，直生，褶缘色淡。菌柄长 3 ~ 5.5 cm，直径 2 ~ 2.5 mm，圆柱形，基部稍粗，白色，顶部具白霜状鳞片，下部纤丝状，实心，常遭虫蛀。孢子椭圆形，光滑，淡褐色，大部分（8.5 ~ 9.5）μm×（5 ~ 6）μm，少数可达 12.5 μm×6.5 μm。

【生态分布】夏秋季单生或散生于阔叶林或针叶林中地上，阴条岭自然保护区内林口子一带有分布，采集编号 500238MFYT0209。

【资源价值】有毒。

【拉丁学名】*Inocybe hirtella* Bres.

【系统地位】担子菌门 > 伞菌纲 > 伞菌目 > 丝盖伞科 > 丝盖伞属

【形态特征】菌盖直径 1.5 ~ 2 cm，幼时半球形，成熟后渐平展，中部具钝突，有时不明显，边缘下垂至伸展，有时开裂，纤丝状至绒状，土黄色至赭黄色，盖突起处带淡橙色或不明显鳞片，鳞片色深。菌肉有明显的苦杏仁味至带土腥味，肉质，白色。菌褶宽 2 ~ 3 mm，直生，密，幼时白色至灰白色，成熟后带褐色，褶缘色淡。菌柄长 3.3 ~ 4.5 cm，直径 3 ~ 4 mm，圆柱形，等粗，实心，基部膨大或不明显，具纵条纹，肉粉色，表面具白色粉末状颗粒，基部具白色绒毛状菌丝。担孢子（8.5 ~ 9.5）μm×（5 ~ 6）μm，近杏仁形至椭圆形，顶部钝至稍锐，光滑，黄褐色。

【生态分布】夏秋季生于阔叶林中地上，阴条岭自然保护区内林口子至转坪和阴条岭一带有分布，采集编号 500238MFYT0037。

【资源价值】不明。

伞菌类

土味丝盖伞

毛纹丝盖伞

153 遮蔽丝盖伞（暗红褐色丝盖伞）

【拉丁学名】*Inocybe obscurobadia*（J. Favre）Grund & D. E. Stuntz

【系统地位】担子菌门 > 伞菌纲 > 伞菌目 > 丝盖伞科 > 丝盖伞属

【形态特征】菌盖直径 1 ~ 2.4 cm，幼时钟形至锥形，成熟后平展至内卷，有时菌盖边缘细开裂钝突起，幼时菌盖表面具不明显的白色丝膜，后逐渐消失，表面被纤毛，灰白色至土黄色，突起处颜色深。菌褶宽 2 ~ 4 mm，弯生，不等长，褶缘非平滑，幼时灰褐色，成熟后黄褐色。菌柄长 4.1 ~ 6.6 cm，直径 0.2 ~ 0.4 cm，圆柱形，基部略膨大，菌柄表面被白色纤毛，实心，菌柄菌肉纤维质，幼时肉粉色，老后土黄色至红褐色。担孢子（9.7 ~ 10.5）μm ×（4.8 ~ 6.3）μm，椭圆形至长椭圆形，红褐色。

【生态分布】夏季生于林中地上，阴条岭自然保护区内林口子至阴条岭一带有分布，采集编号 500238MFYT0411。

【资源价值】不明。

154 墨水菌

【拉丁学名】*Laccaria moshuijun* Popa & Zhu L. Yang

【系统地位】担子菌门 > 伞菌纲 > 伞菌目 > 轴腹菌科 > 蜡蘑属

【形态特征】子实体小至中等。菌盖直径可达 3 cm，初扁球形，后渐平展，中央下凹呈脐状，紫色或蓝紫色，不黏。菌肉同菌盖色。菌褶直生至稍下延生，宽，稀疏，不等长，与菌盖同色或稍深，明显蜡质。菌柄中生，长 3 ~ 10 cm，直径 3 ~ 5 mm，近圆柱形，与菌盖同色，有绒毛。孢子球形或近球形，有小刺或小疣，无色，（7.5 ~ 9）μm ×（8 ~ 10）μm。

【生态分布】夏秋季单生或群生有时近丛生于林中地上，阴条岭自然保护区内千字筏一带有分布，采集编号 500238MFYT0313。

【资源价值】不明。

遮蔽丝盖伞

墨水菌

【拉丁学名】*Laccaria bicolor*（Maire）P. D. Orton

【系统地位】担子菌门 > 伞菌纲 > 伞菌目 > 轴腹菌科 > 蜡蘑属

【形态特征】子实体小。菌盖直径 2 ~ 4.5 cm，初期扁半球，后期稍平展，中部平或稍下凹，浅赭色或暗粉褐色至皮革褐色，干燥时色变浅，表面平滑或稍粗糙，边缘内卷，有条纹。菌肉污白色或浅粉褐色。菌褶浅紫色至暗色，干后色变浅，直生至稍延生，等长，边缘稍呈波状。菌柄中生，细长，长 6 ~ 15 cm，直径 0.3 ~ 1 cm，柱形，常扭曲，同盖色，具长的条纹和纤毛，带浅紫色，基部稍粗且有淡紫色绒毛，内部松软至变空心。孢子近卵圆形，（7 ~ 10）μm ×（6 ~ 7.8）μm。

【生态分布】秋季群生或散生于针阔混交林地上，阴条岭自然保护区内林口子至阴条岭和转坪一带有分布，采集编号 500238MFYT0039。

【资源价值】可食用。

【拉丁学名】*Laccaria fulvogrisea* Popa，Rexer & G. Kost

【系统地位】担子菌门 > 伞菌纲 > 伞菌目 > 轴腹菌科 > 蜡蘑属

【形态特征】子实体小。菌盖直径可达 3 cm，平凸，灰色，边缘具薄而半透明的条纹。菌褶离生，幼时近白色，老后褐色至棕色。菌柄中生，长 3 ~ 7 cm，直径 3 ~ 5 cm，圆柱形，具凹槽，比菌盖稍深灰色。孢子球形至近球形，透明，非淀粉质，刺状，（8 ~ 10）μm ×（8 ~ 11）μm。

【生态分布】生于栎属、石栎属等混交林中地上，阴条岭自然保护区内阴条岭和大官山一带有分布，采集编号 500238MFYT0269。

【资源价值】可食用。

双色蜡蘑

黄灰蜡蘑

【拉丁学名】*Laccaria laccata*（Scop.）Cooke

【系统地位】担子菌门 > 伞菌纲 > 伞菌目 > 轴腹菌科 > 蜡蘑属

【形态特征】子实体小。菌盖直径 2.5 ~ 4.5 cm，薄，近扁半球形，后渐平展并上翘，中央下凹呈脐状，鲜时肉红色、淡红褐色或灰蓝紫色，湿润时水浸状，干后呈肉色至藕粉色或浅紫色至蛋壳色，光滑或近光滑，边缘波状或瓣状并有粗条纹。菌肉与菌盖同色或粉褐色。菌褶直生或近弯生，稀疏，宽，不等长，鲜时肉红色、淡红褐色或灰蓝紫色。菌柄中生，长 3.5 ~ 8.5 cm，直径 3 ~ 8 mm，圆柱形，近圆柱形或稍扁圆，下部常弯曲，实心，纤维质，较韧，内部松软。孢子近球形，具小刺，无色或带淡黄色，（7.5 ~ 11）μm ×（7 ~ 9）μm。

【生态分布】夏秋季散生或群生于中针叶林和阔叶林中地上及腐殖质上，有时近丛生，阴条岭自然保护区内千字筏一带有分布，采集编号 500238MFYT0337。

【资源价值】可食用。

【拉丁学名】*Laccaria montana* Singer

【系统地位】担子菌门 > 伞菌纲 > 伞菌目 > 轴腹菌科 > 蜡蘑属

【形态特征】子实体小。菌盖直径 0.5 ~ 2.5 cm，平凸或偶尔隆起，中央有时浅凹，橙棕色、红棕色或砖红色，干燥时有细鳞片，全缘或偶有圆齿。菌褶贴生或少有短下延，灰橙色或粉红橙棕色。菌柄中生，长 2 ~ 5 cm，直径 2 ~ 4 mm，近等粗，老时空心，无毛或微具纤毛，与菌盖同色，基部被白色绒毛。孢子近球形至宽椭圆形或偶尔呈球形，透明，具小刺，（8 ~ 11）μm ×（8 ~ 9.5）μm。

【生态分布】夏季生于林中地上，阴条岭自然保护区内转坪至阴条岭一带有分布，采集编号 500238MFYT0361。

【资源价值】可食用。

漆亮蜡蘑

高山蜡蘑

【拉丁学名】*Laccaria vinaceoavellanea* Hongo

【系统地位】担子菌门 > 伞菌纲 > 伞菌目 > 轴腹菌科 > 蜡蘑属

【形态特征】子实体小。菌盖直径 2 ~ 5 cm，扁半球形至平展，中部常下陷，肉褐色，常有细小鳞片，不黏，有长的辐射状沟纹。菌肉薄。菌褶直生至稍下延，与菌盖同色或色稍深。菌柄中生，长 4 ~ 8 cm，直径 4 ~ 8 mm，近圆柱形，与菌盖同色。孢子球形至近球形，具小刺，近无色，（7.5 ~ 9）μm ×（7.5 ~ 9）μm。

【生态分布】夏秋季生于林中地上，阴条岭自然保护区内林口子、转坪至阴条岭一带有分布，采集编号 500238MFYT0069。

【资源价值】可食用。

【拉丁学名】*Lacrymaria lacrymabunda*（Bull.）Pat.

【系统地位】担子菌门 > 伞菌纲 > 伞菌目 > 小脆柄科 > 小脆柄属

【形态特征】菌盖直径 4 ~ 7 cm，初期钟形，后期斗笠形，表面被毛状鳞片，初期边缘具白色菌幕残片；幼时土黄色、土褐色，成熟后渐变为黄褐色。菌肉薄，质脆，白色。菌褶离生，浅灰色至灰黑色，窄，不等长。菌柄长 4 ~ 11 cm，直径 5 ~ 9 mm，圆柱形或基部稍膨大，质脆，空心，上部具毛状鳞片。担孢子（9.2 ~ 12.2）μm ×（6.4 ~ 7.5）μm，椭圆形至长椭圆形，具明显小疣，黑褐色。

【生态分布】春夏季群生于林中地上，阴条岭自然保护区内大官山一带有分布，采集编号 500238MFYT0292。

【资源价值】可食用。

灰酒红蜡蘑

泪褶毡毛脆柄菇

伞菌类

161 栗褐乳菇

【拉丁学名】*Lactarius castaneus* W.F. Chiu

【系统地位】担子菌门 > 伞菌纲 > 红菇目 > 红菇科 > 乳菇属

【形态特征】菌盖直径 4 ~ 9 cm，扁半球形至平展表面灰黄色、淡褐色至褐橙色，胶黏，无环纹菌肉淡褐色，苦涩。菌褶直生至延生，较密，白色至淡黄色。乳汁白色，不变色，有苦涩。菌柄长 4 ~ 8 cm，直径 0.5 ~ 1.5 cm，圆柱形或向上渐细，淡黄色至近白色，光滑，胶黏。担孢子（8.5 ~ 10.5）μm ×（7 ~ 85）μm，宽圆形，近无色，有淀粉质的脊排列成不完整的网纹。

【生态分布】夏秋季生于林中地上，阴条岭自然保护区内林口子至阴条岭一带有分布，采集编号 500238MFYT0141。

【资源价值】不明。

162 污灰褐乳菇（环纹乳菇）

【拉丁学名】*Lactarius circellatus* Fr.

【系统地位】担子菌门 > 伞菌纲 > 红菇目 > 红菇科 > 乳菇属

【形态特征】子实体小至中等。菌盖直径 4 ~ 10 cm，扁半球形，中部稍下凹，灰褐色至灰褐紫或近豆沙色，边缘内卷，表面近平滑，环纹不太明显。菌肉污白色。菌褶污黄色变至深色乳黄色，直生至延生。菌柄长 2.5 ~ 5 cm，直径 0.8 ~ 1.5 cm，柱形，污白色至同盖色，内部实心至松软。孢子有疣，近球形，（6 ~ 7.5）μm ×（5 ~ 6.5）μm。

【生态分布】夏秋季生于林中地上，阴条岭自然保护区内林口子一带有分布，采集编号 500238MFYT0280。

【资源价值】可食用。

栗褐乳菇

污灰褐乳菇

【拉丁学名】*Lactarius deliciosus*（L.）Gray

【系统地位】担子菌门 > 伞菌纲 > 红菇目 > 红菇科 > 乳菇属

【形态特征】菌盖直径 4 ~ 10 cm，扁半球形至平展，中央下凹，湿时稍黏，黄褐色至橘黄色，有同心环纹，中央下陷，边缘内卷。菌肉近白色至淡黄色或橙黄色，菌柄处颜色深，伤后呈青绿色，无辣味。菌褶幅窄，较密，橘黄色，伤后或老后缓慢变绿色，乳汁量少，橙色至胡萝卜色，不变色，或与空气接触后呈酒红色，无辣味。菌柄长 2 ~ 6 cm，直径 0.8 ~ 2 cm，圆柱形，与菌盖同色，具有深色窝斑。担孢子（7 ~ 9）μm ×（5.5 ~ 7）μm，宽椭圆形至卵形，有不完整网纹和离散短脊，近无色至带黄色，淀粉质。

【生态分布】夏秋季生于针叶林中地上，阴条岭自然保护区内阴条岭一带有分布，采集编号 500238MFYT0038。

【资源价值】知名食用菌。

【拉丁学名】*Lactarius gerardii* Peck

【系统地位】担子菌门 > 伞菌纲 > 红菇目 > 红菇科 > 乳菇属

【形态特征】菌盖直径 2 ~ 10 cm，平展至反卷，中心常稍凹陷且具棘突，常放射状皱缩，近绒质感，表面干灰黄色、黄褐色、褐色。菌肉厚 2 ~ 4 mm，白色菌褶宽 0.7 ~ 1.2 cm，厚，极稀，延生，白色。乳汁白色，不变色，或变为水液样，柔和。菌柄长 3 ~ 8 cm，直径 0.5 ~ 1.7 cm，常向下渐细，表面与菌盖同色或稍深。担孢子（8 ~ 11.5）μm ×（7.5 ~ 10）μm，近球形，有时宽椭圆形，表面具由较为规则的脊形成的完整的网状纹，偶具有孤立的疣突和游离的脊末端。

【生态分布】夏秋季生于阔叶林中地上，阴条岭自然保护区内转坪以及干河坝一带有分布，采集编号 500238MFYT0183。

【资源价值】可食用。

松乳菇

宽褶黑乳菇

【拉丁学名】 *Lactarius hatsudake* Nobuj. Tanaka

【系统地位】 担子菌门 > 伞菌纲 > 红菇目 > 红菇科 > 乳菇属

【形态特征】 菌盖直径 3 ~ 6 cm，扁半球形至平展，灰红色至淡红色，有不清晰的环纹或无环纹，中央下陷，边缘内卷。菌肉淡红色，不辣。菌褶酒红色，伤后或成熟后缓慢变蓝绿色，乳汁少，酒红色，不变色，不辣。菌柄长 2 ~ 6 cm，直径 0.5 ~ 1 cm，伤后缓慢变蓝绿色，不具窝斑。担孢子（8 ~ 10）μm ×（7 ~ 8.5）μm，宽圆形，近无色，有完整至不完整的网纹，淀粉质。

【生态分布】 夏秋季生于针叶林中地上，阴条岭自然保护区内杨柳池至骡马店一带有分布，采集编号 500238MFYT0299。

【资源价值】 可食用。

【拉丁学名】 *Lactarius hirtipes* J.Z. Ying

【系统地位】 担子菌门 > 伞菌纲 > 红菇目 > 红菇科 > 乳菇属

【形态特征】 菌盖直径 2.5 ~ 4.7 cm，平展或中部下凹脐状，有或无乳突，菌盖表面不黏，具皱纹，无环带，盖缘平滑，橙黄色或肉桂红色。菌肉薄，苍白色，乳汁白，不变色。菌褶直生至近延生，带白色，新鲜时有肉桂色斑点；干后全部变为淡肉桂粉色，窄而密，有多数小菌褶。菌柄长 3.8 ~ 5 cm，直径 0.4 ~ 0.6 cm，与菌盖同色，不黏，下部（约柄长的1/3处）被淡肉桂色长柔毛，基部变粗。孢子近球形或球形，（7.2 ~ 10.4）μm ×（7.2 ~ 9.4）μm，有小瘤，脊棱形成不完整或近完整网纹。

【生态分布】 夏秋季生于林中地上，阴条岭自然保护区内林口子至阴条岭一带有分布，采集编号 500238MFYT0283。

【资源价值】 不明。

红汁乳菇

毛脚乳菇

伞菌类

【拉丁学名】*Lactarius lignyotus* Fr.

【系统地位】担子菌门 > 伞菌纲 > 红菇目 > 红菇科 > 乳菇属

【形态特征】子实体一般较小或中等。菌盖褐色至黑褐色，中部稍下凹，表面干，具黑褐色网纹，直径 4 ~ 10 cm，初期扁半球形，似有短绒毛，后渐平展。菌肉白色，较厚，受伤处略变红色。菌褶白色，延生，宽，稀，不等长。菌柄长 3 ~ 10 cm，直径 0.4 ~ 1 cm，近圆柱形，同盖色，顶端菌褶延伸形成黑褐色条纹，基部有时具绒毛，内实。孢子具刺和网棱，球形至近球形，（9 ~ 12.8）μm ×（8.6 ~ 10.4）μm。

【生态分布】夏秋季散生于林中地上，阴条岭自然保护区内大官山一带有分布，采集编号 500238MFYT0326。

【资源价值】记载有毒，不宜食用。

【拉丁学名】*Lactarius musteus* Fr.

【系统地位】担子菌门 > 伞菌纲 > 红菇目 > 红菇科 > 乳菇属

【形态特征】子实体中等。菌盖直径 3 ~ 10 cm，扁半球形至扁平，中部下凹，污白至浅皮革色或淡乳黄色，厚而硬，边缘内卷，表面湿时黏。菌肉污白色，厚，乳汁白色变暗。菌褶密而窄，稍延生。菌柄长 3 ~ 7 cm，直径 1 ~ 3 cm，柱状，同盖色，表面平滑或有凹窝，基部往变细，空心。孢子椭圆，有疣，（8 ~ 9）μm ×（6.5 ~ 7）μm。

【生态分布】夏秋季生于林中地上，阴条岭自然保护区内红旗至干河坝一带有分布，采集编号 500238MFYT0247。

【资源价值】可食用。

黑乳菇

乳黄色乳菇

【拉丁学名】*Lactarius nanus* J. Favre

【系统地位】担子菌门 > 伞菌纲 > 红菇目 > 红菇科 > 乳菇属

【形态特征】子实体小。菌盖直径 1 ~ 5 cm，浅凸透镜形，中部下凹或无，光滑，稍黏，深棕色至灰棕色，通常边缘颜色较浅，干后整体颜色变浅；边缘平整，成熟时上翘、波状至卷曲。菌褶直生至近下延，初期奶油色，后变为暗奶油色至浅棕褐色。菌柄长 0.5 ~ 3 cm，直径 0.3 ~ 1.5 cm，上下等长，棒状，光滑，浅杏色到灰褐色，空心。乳汁水状，不变色。担孢子（7 ~ 10.5）μm ×（5 ~ 8）μm，近球形至椭圆形，淀粉质。

【生态分布】夏秋季散生于林中地上，阴条岭自然保护区内大官山一带有分布，采集编号 500238MFYT0368。

【资源价值】不明。

【拉丁学名】*Lactarius repraesentaneus* Britzelm.

【系统地位】担子菌门 > 伞菌纲 > 红菇目 > 红菇科 > 乳菇属

【形态特征】子实体大。菌盖直径 6 ~ 15 cm，初期半球形，后渐平展中部下凹呈漏斗状，湿时黏，具丛毛状鳞片，中部近光滑色深呈土黄色，有同心环带或环纹，且往往不很明显，边缘幼时内卷而丛毛多又长。菌肉硬脆，近白色，伤处变浅酒紫色，具辣味，乳液白色而多。菌褶延生，较密，不等长，淡黄色，伤处变淡紫色，分叉。菌柄长 4 ~ 11 cm，直径 2 ~ 3 cm，基部稍膨大，同盖色，具明显凹窝，内部松软至变空心。孢子印白色。褶侧囊体梭形，顶端细长，（70 ~ 80）μm ×（5 ~ 10）μm。孢子宽椭圆形，具疣刺和脊棱，（8 ~ 11）μm ×（7 ~ 9）μm。

【生态分布】夏秋季生于林中地上，阴条岭自然保护区内林口子一带有分布，采集编号 500238MFYT0276。

【资源价值】记载有毒，不宜食用，但也有记述食用。

矮小乳菇

复生乳菇

171 红褐乳菇（红乳菇）

【拉丁学名】*Lactarius rufus*（Scop.）Fr.

【系统地位】担子菌门 > 伞菌纲 > 红菇目 > 红菇科 > 乳菇属

【形态特征】菌盖直径 3 ~ 7 cm，平展下凹，后近浅漏斗形，中心具或不具棘突，表面干，平滑或有皱纹，稍绒毡状，红褐色、深红色，无环纹。菌肉浅红色，与菌盖同色或稍淡。菌褶延生，近密，浅红褐色。乳汁白色，不变色，无特殊气味。菌柄长 3 ~ 7 cm，直径 0.5 ~ 1 cm，中生，等粗或向下渐细。担孢子（6 ~ 7.5）μm×（5.5 ~ 6.5）μm，宽圆形，表面具由明显的脊和疣组成的较完整网状纹以及个别不相连的。侧生大囊状体（47 ~ 90）μm×（6 ~ 12）μm，少见至丰富。

【生态分布】夏秋季散生或群生于林中地上，阴条岭自然保护区内林口子一带有分布，采集编号500238MFYT0258。

【资源价值】记载有毒，中毒后引起胃肠道病症。

172 黄乳菇（窝柄黄乳菇）

【拉丁学名】*Lactarius scrobiculatus*（Scop.）Fr.

【系统地位】担子菌门 > 伞菌纲 > 红菇目 > 红菇科 > 乳菇属

【形态特征】子实体中等至较大。菌盖直径 5 ~ 19 cm，半球形，渐扁平，后呈漏斗形；盖面湿时黏，暗土黄色，常带浅橄榄色，有暗色同心环纹或环纹不明显，有毛状鳞片，中部少或光滑，近边缘呈丛毛状；盖缘初时内卷，后平展或稍向上翘，有长而密的软毛。菌肉白色，致密，伤后很快变为硫黄色，苦辣。乳汁丰富，白色，很快变为硫黄色。菌褶延生，密，近柄处分叉，初时白色或浅黄色，伤后或老后变暗。菌柄长 3 ~ 4 cm，直径 1 ~ 3 cm，湿时黏，等粗，与盖面同色或稍浅，中实，后中空，表面有明显凹窝。孢子球形，直径 7 ~ 8 μm。囊状体少，圆柱形。

【生态分布】夏秋季散生或群生于林中地上，阴条岭自然保护区内林口子至阴条岭一带有分布，采集编号500238MFYT0119。

【资源价值】记载有毒。

伞菌类

红褐乳菇

黄乳菇

【拉丁学名】*Lactarius subdulcis*（Pers.）Gray

【系统地位】担子菌门＞伞菌纲＞红菇目＞红菇科＞乳菇属

【形态特征】子实体较小。菌盖直径 1.5 ~ 4.5 cm，初期扁半球形，后期中部下凹而边缘伸展呈浅漏斗状，中央具一小凸起，表面无毛近光滑，浅枯叶色、深棠梨色或琥珀褐色，不黏，无环带。菌肉污白色带粉红色，中部较厚，变色不明显。菌褶较密，直生至延生，不等长，狭窄，宽约 2 mm，色较盖浅，有时分叉。菌柄近圆柱形，长 2.5 ~ 7 cm，直径 0.3 ~ 0.5 cm，同菌盖色，表面平滑，基部常有软毛，内部松软变至空心。伤处流汁液不变色。孢子球形，有小刺，7 ~ 9 μm。褶侧囊体棱形。

【生态分布】夏秋季散生或群生于林中地上，阴条岭自然保护区内西安村一带有分布，采集编号 500238MFYT0315。

【资源价值】记载有毒。

【拉丁学名】*Lactifluus piperatus*（L.）Roussel

【系统地位】担子菌门＞伞菌纲＞红菇目＞红菇科＞多汁乳菇属

【形态特征】菌盖直径 5 ~ 13 cm，初期扁半球形，中央呈脐状，最后下凹呈漏斗形，白色或稍带浅污黄白色或黄色，表面光滑或平滑，不黏或稍黏，脆，无环带，边缘初期内卷，后平展盖缘渐薄微上翘，有时呈波状。菌肉厚，白色，坚脆，伤后不变色或微变浅土黄色，有辣味。菌褶白色或蛋壳色，狭窄极密，不等长，分叉，近延生，后变为浅土黄色。乳汁白色不变色。菌柄长 3 ~ 6 cm，直径 1.5 ~ 3 cm，短粗，白色，圆柱形，等粗或向下渐细，无毛。担孢子（6.5 ~ 8.7）μm ×（5.5 ~ 7）μm，近球形或宽椭圆形，有小疣或稍粗糙，无色，淀粉质。

【生态分布】夏秋季散生或群生于针叶林和针阔混交林中地上，阴条岭自然保护区内广泛分布，采集编号 500238MFYT0301。

【资源价值】可食用。

尖顶乳菇

辣多汁乳菇

175 近辣多汁乳菇（近白乳菇 近辣乳菇）

【拉丁学名】*Lactifluus subpiperatus*（Hongo）Verbeken

【系统地位】担子菌门 > 伞菌纲 > 红菇目 > 红菇科 > 多汁乳菇属

【形态特征】菌盖直径 9 ~ 10 cm，浅漏斗形，幼时边缘内卷，菌盖表面稍皱，干，白色至乳白色。菌肉厚 0.4 cm，白色。菌褶宽 3 ~ 4 mm，稍稀，延生。乳汁白色至奶油色，丰富，辣，缓慢变黄色至褐色，并可把菌体组织染成黄色至褐色。菌柄长 6.5 ~ 7 cm，直径 1.5 ~ 2 cm，向下渐粗，中生至略偏生，有霜粉质感，与菌盖同色。担孢子（5.5 ~ 7）μm ×（5 ~ 6.5）μm，宽圆形椭圆形，有稀疏的条脊和疣，近无色，淀粉质。侧生大囊状体（45 ~ 55）μm ×（5.5 ~ 6.3）μm，丰富，近圆柱形、棒状、顶端圆钝，具浓稠内含物。

【生态分布】夏秋季散生或群生于阔叶林中地上，阴条岭自然保护区林口子至阴条岭一带和骡马店一带有分布，采集编号 500238MFYT0078。

【资源价值】不明。

176 多汁乳菇（奶浆菌）

【拉丁学名】*Lactifluus volemus*（Fr.）Kuntze

【系统地位】担子菌门 > 伞菌纲 > 红菇目 > 红菇科 > 多汁乳菇属

【形态特征】菌盖直径 4 ~ 11 cm，初期扁半球形，后渐平展至中部下凹呈脐状，伸展后似漏斗形，橙红色、红褐色、栗褐色、黄褐色、琥珀褐色、深棠梨色或暗土红色，多覆盖有白粉状附属物，不黏，或湿时稍黏，无环带，表面光滑或稍带细绒毛，边缘初期内卷，后伸展。菌肉乳白色，伤后变淡褐色，硬脆，肥厚致密，不辣。菌褶白色或淡黄色，伤后变为褐黄色，稍密，直生至近延生，近柄处分叉，不等长，伤后有大量白色乳汁逸出。乳汁白色不变色。菌柄长 3 ~ 10 cm，直径 1 ~ 2.5 cm，近圆形或向下稍变细，与菌盖同色或稍淡，近光滑或有细绒毛。担孢子（8.5 ~ 11）μm ×（8 ~ 10）μm，近球形或球形，表面具网纹和微细疣，无色至淡黄色，淀粉质。

【生态分布】夏秋季散生或群生于阔叶林中地上，阴条岭自然保护区千字筏一带有分布，采集编号 500238MFYT0394。

【资源价值】可食用。

近辣多汁乳菇

多汁乳菇

【拉丁学名】*Leccinum aurantiacum*（Bull.）Gray

【系统地位】担子菌门 > 伞菌纲 > 牛肝菌目 > 牛肝菌科 > 疣柄牛肝菌属

【形态特征】子实体中等至较大。菌盖直径 3 ~ 12 cm，半球形，橙红色，橙黄色或近紫红色，光滑或微被纤毛。菌肉淡白色，后呈淡灰色，淡黄色或淡褐色，受伤不变色，厚，质密。菌管淡白色，后变污褐色，伤后变肉色，直生，稍弯生或近离生，在菌柄周围凹陷，管口与菌盖同色，圆形，每毫米约 2 个。菌柄长 5 ~ 12 cm，直径 1 ~ 2.5 cm，上下略等粗或基部稍粗，污白色，淡褐色或近淡紫红色，顶端多少有网纹。孢子印淡黄褐色。孢子淡褐色，长椭圆形或近纺锤形，（17 ~ 20）μm ×（5.2 ~ 6）μm。

【生态分布】夏秋季单生或散生于林中地上，阴条岭自然保护区内林口子至阴条岭一带有分布，采集编号 500238MFYT0147。

【资源价值】可食用。

【拉丁学名】*Leccinum scabrum*（Bull.）Gray

【系统地位】担子菌门 > 伞菌纲 > 牛肝菌目 > 牛肝菌科 > 疣柄牛肝菌属

【形态特征】子实体中等至较大。菌盖直径 4.5 ~ 15 cm，半球形，灰褐色至黄褐色，有时暗褐色，光滑或近无毛，湿时稍黏。菌肉白色，伤后几乎不变色或变淡粉红色。菌管弯生或离生，黄白色至灰褐色。孔口密，圆形，与菌管同色，伤后变橄榄绿色。菌柄长 5 ~ 10 cm，直径 1.5 ~ 3 cm，近圆柱形，向下渐粗，白色至灰白色，具纵纹和褐色颗粒状鳞片。孢子（9.9 ~ 11.8）μm ×（4.9 ~ 6.8）μm，长椭圆形或近纺锤形，光滑，淡黄褐色。

【生态分布】夏秋季单生或散生于阔叶林或针阔混交林中地上，阴条岭自然保护区内林口子至阴条岭一带有分布，采集编号 500238MFYT0109。

【资源价值】不明。

伞菌类

橙黄疣柄牛肝菌

褐疣柄牛肝菌

179 污白褐疣柄牛肝菌

【拉丁学名】*Leccinum subradicatum* Hongo

【系统地位】担子菌门 > 伞菌纲 > 牛肝菌目 > 牛肝菌科 > 疣柄牛肝菌属

【形态特征】子实体较小。菌盖直径 3 ~ 7.5 cm，扁球形至扁半球形，表面污白色，淡褐色或淡灰褐色，平滑，湿时黏。菌肉白色，伤处变灰紫褐色。菌管面污白色，变黄白至污黄褐色，孔口小，伤处变暗色。菌柄长 6.5 ~ 9 cm，直径 0.8 ~ 1.5 cm，圆柱形且中部向下渐变细，基部呈根状，表面污白色、粗糙有点及似有纵向网纹，内部变空心。孢子带黄色，光滑，近纺锤状，（10 ~ 19）μm ×（4 ~ 5）μm。

【生态分布】秋季单生或散生于林中地上，阴条岭自然保护区内红旗管护站和干河坝至骡马店一带有分布，采集编号 500238MFYT0253。

【资源价值】可食用。

180 香菇

【拉丁学名】*Lentinula edodes*（Berk.）Pegler

【系统地位】担子菌门 > 伞菌纲 > 伞菌目 > 类脐菇科 > 香菇属

【形态特征】子实体中等。菌盖直径 5 ~ 12 cm，呈扁半球形至平展，浅褐色、深褐色至深肉桂色，具深色鳞片，边缘处鳞片色浅或污白色，具毛状物或絮状物，菌缘初时内卷，后平展，早期菌盖边缘与菌柄间有淡褐色绵毛状的内菌幕，菌盖展开后，部分菌幕残留于菌缘。菌肉厚或较厚，白色、柔软而有韧性菌褶白色，密，弯生，不等长。菌柄长 3 ~ 10 cm，直径 0.5 ~ 3 cm，中生或偏生，常向一侧弯曲，实心，坚韧纤维质。菌环窄，易消失，菌环以下有纤毛状鳞片。孢子椭圆形至卵圆形，光滑，无色，（4.5 ~ 7）μm ×（3 ~ 4）μm。

【生态分布】秋冬季至春季散生、单生于阔叶树倒木上，阴条岭自然保护区内广泛分布，采集编号 500238MFYT0221。

【资源价值】知名食用菌，食药兼用。

污白褐疣柄牛肝菌

香菇

【拉丁学名】*Lepiota cortinarius* J.E. Lange

【系统地位】担子菌门 > 伞菌纲 > 伞菌目 > 蘑菇科 > 环柄菇属

【形态特征】子实体小。菌盖直径 2 ~ 3 cm，圆形至扁平圆锥形，白色至污白色，被棕色至粉棕色鳞片。菌褶离生，白色。菌柄中生，长 5 ~ 6 cm，直径 4 ~ 8 mm，淡黄色至浅橘色，基部稍粗，中空。孢子椭圆形至不规则圆柱形，光滑，透明，（6 ~ 7.5）μm ×（2.7 ~ 3.5）μm。

【生态分布】单生或群生于林中、路边、草坪等地上，阴条岭自然保护区内大官山一带有分布，采集编号 500238MFYT0367。

【资源价值】有毒。

【拉丁学名】*Lepiota cristata*（Bolton）P. Kumm.

【系统地位】担子菌门 > 伞菌纲 > 伞菌目 > 蘑菇科 > 环柄菇属

【形态特征】子实体小而细弱。菌盖直径 1 ~ 7 cm，白色至污白色，被红褐色至褐色鳞片，中央具钝的红褐色光滑突起。菌肉薄，白色，具令人作呕的气味。菌褶离生，白色。菌柄中生，长 1.5 ~ 8 cm，直径 0.3 ~ 1 cm，白色，后变为红褐色。菌环上位，白色，易消失。孢子侧面观麦角形或近三角形，无色，拟糊精质，（5.5 ~ 8）μm ×（2.5 ~ 4）μm。

【生态分布】单生或群生于林中、路边等地上，阴条岭自然保护区内林口子至蛇梁子一带有分布，采集编号 500238MFYT0200。

【资源价值】有毒。

丝膜环柄菇

冠状环柄菇

【拉丁学名】*Lepiota cristatanea* J.F. Liang & Zhu L. Yang

【系统地位】担子菌门 > 伞菌纲 > 伞菌目 > 蘑菇科 > 环柄菇属

【形态特征】子实体小。菌盖直径 1.5 ~ 4.5 cm，半球形至平展中央突起，白色至污白色，具红褐色、褐色至紫褐色的块状鳞片，中央具较钝的红褐色至暗褐色突起。菌肉薄，白色，常具令人作呕的气味。菌褶离生，白色。菌柄中生，长 2 ~ 5.5 cm，直径 2 ~ 7 mm，近圆柱形，浅红褐色至黄褐色。菌环上位，白色，膜质，易脱落。孢子三角状卵圆形，无色，拟糊精质，（4 ~ 5.5）μm ×（2.5 ~ 3）μm。

【生态分布】单生或群生于林中地上，阴条岭自然保护区内林口子一带有分布，采集编号 500238MFYT0197。

【资源价值】有毒。

【拉丁学名】*Lepiota helveola* Bres.

【系统地位】担子菌门 > 伞菌纲 > 伞菌目 > 蘑菇科 > 环柄菇属

【形态特征】子实体小。菌盖直径 1 ~ 4 cm，初期扁半球形，后平展，中部稍突起，表面密被红褐色或褐色小鳞片，常呈带状排列，中部鳞片密集。菌肉白色。菌褶离生，白色。菌柄中生，长 2 ~ 6 cm，直径 3 ~ 5 mm，圆柱形，淡黄褐色，基部稍膨大。菌环上位，小而易脱落。孢子椭圆形，光滑，无色，拟糊精质，（5 ~ 9）μm ×（3.5 ~ 5）μm。

【生态分布】春至秋季单生或群生于林中、林缘草地上，阴条岭自然保护区内阴条岭和干河坝至骡马店一带有分布，采集编号 500238MFYT0036。

【资源价值】有毒。

伞菌类

拟冠状环柄菇

褐鳞环柄菇

【拉丁学名】*Lepista sordida*（Schumach.）Singer

【系统地位】担子菌门 > 伞菌纲 > 伞菌目 > 口蘑科 > 香蘑属

【形态特征】子实体中等。菌盖直径 4 ~ 8 cm，幼时半球形，后平展，有时中部下凹，湿润时半透状或水浸状。新鲜时紫罗兰色，失水后颜色渐淡至黄褐色，边缘内卷，具不明显的条纹，常呈波状或瓣状。菌肉淡紫罗兰色，较薄，水浸状。菌褶直生，有时稍弯生或稍延生，中等密，淡紫色。菌柄长 4 ~ 6.5 cm，直径 0.3 ~ 1.2 cm，紫罗兰色，实心，基部多弯曲。孢子（7 ~ 9.5）μm ×（4 ~ 5.5）μm，宽椭圆形至卵圆形，粗糙至具麻点，无色。

【生态分布】初夏至夏季群生或近丛生于林地或路缘地上，阴条岭自然保护区内林口子至蛇梁子一带有分布，采集编号 500238MFYT0218。

【资源价值】食药兼用；可栽培。

【拉丁学名】*Leucoagaricus nivalis*（W. F. Chiu）Z. W. Ge & Zhu L. Yang

【系统地位】担子菌门 > 伞菌纲 > 伞菌目 > 蘑菇科 > 白环蘑属

【形态特征】子实体小。菌盖直径 1.2 ~ 2.5 cm，扁半球形至平展，白色，被辐射状丝质鳞片。菌肉薄肉质，白色。菌褶离生，白色。菌柄中生，长 2 ~ 3 cm，直径 2 ~ 3 mm，近圆柱形，白色。菌环白色，膜质。孢子侧面观呈杏仁形，背腹观卵圆形，光滑，无色，拟糊精质，（6 ~ 7.5）μm ×（3.5 ~ 4.5）μm。

【生态分布】生于林中地上，阴条岭自然保护区内转坪至阴条岭一带有分布，采集编号 500238MFYT0307。

【资源价值】有毒。

伞菌类

紫晶香蘑

雪白小白环蘑

伞菌类

【拉丁学名】*Lyophyllum infumatum*（Bres.）Kühner

【系统地位】担子菌门 > 伞菌纲 > 伞菌目 > 离褶伞科 > 离褶伞属

【形态特征】子实体中等。菌盖直径 3 ~ 6 cm，扁半球形至平展，灰色至灰褐色，光滑，不黏。菌肉白色，伤不变色。菌褶直生至弯生，白色至污白色，密。菌柄长 4 ~ 10 cm，直径 0.3 ~ 1 cm，圆柱形，白色至灰白色。孢子宽椭圆形至近球形，光滑，无色，（5 ~ 6.5）μm ×（4 ~ 5）μm。

【生态分布】夏秋季生于林中地上，阴条岭自然保护区内转坪至阴条岭一带有分布，采集编号 500238MFYT0309。

【资源价值】可食用。

【拉丁学名】*Macrocystidia cucumis*（Pers.）Joss.

【系统地位】担子菌门 > 伞菌纲 > 伞菌目 > 小皮伞科 > 巨囊伞属

【形态特征】子实体小。菌盖直径 2 ~ 3 cm，扁半球形至扁平，中部红褐色至暗红褐色，边缘黄色。菌肉淡黄色，具有黄瓜味。菌褶弯生，白色至米色。菌柄长 2 ~ 4 cm，直径 3 ~ 6 mm，圆柱形，下部褐色至暗红褐色，上部色较淡。孢子椭圆形至长椭圆形，光滑，无色，（8 ~ 10）μm ×（4 ~ 5）μm。

【生态分布】夏秋季生于林中地上，阴条岭自然保护区内干河坝至骡马店一带有分布，采集编号 500238MFYT0378。

【资源价值】不明。

烟熏褐离褶伞

巨囊伞

189 褐皮大环柄菇（脱皮大环柄菇）

【拉丁学名】*Macrolepiota detersa* Z.W. Ge，Zhu L. Yang & Vellinga

【系统地位】担子菌门 > 伞菌纲 > 伞菌目 > 蘑菇科 > 大环柄菇属

【形态特征】子实体中等至较大。菌盖直径 8 ~ 12 cm，白色至污白色，被褐色至浅褐色易脱落的壳状鳞片。菌肉白色。菌褶白色至米色。菌柄中生，长 10 ~ 20 cm，直径 1.5 ~ 3 cm，圆柱形，近白色，被同色细小鳞片或近光滑。菌环上位，白色，大，膜质，易破碎。孢子侧面观椭圆形，类糊精质，（14 ~ 16）μm ×（9.5 ~ 10.5）μm。

【生态分布】夏秋季生于林下、林缘及路边地上，阴条岭自然保护区内转坪至阴条岭、干河坝至骡马店一带有分布，采集编号 500238MFYT0288。

【资源价值】可食用。

190 皮微皮伞

【拉丁学名】*Marasmiellus corticum* Singer

【系统地位】担子菌门 > 伞菌纲 > 伞菌目 > 类脐菇科 > 微皮伞属

【形态特征】子实体小。菌盖直径 0.6 ~ 4 cm，平展，凸镜形至扇形，中央下凹，膜质，干后胶质，白色，半透明，被白色细绒毛，具辐射沟纹或条纹。菌肉膜质，白色。菌褶直生，白色，稍稀，不等长。菌柄长 3 ~ 9 mm，直径 1 ~ 1.5 mm，圆柱形，偏生，常弯曲，白色，被绒毛，基部菌丝体白色至黄白色。孢子椭圆形，光滑，无色，（7 ~ 10）μm ×（4 ~ 5.5）μm。

【生态分布】夏秋季群生于针阔混交林中腐木或竹竿上，阴条岭自然保护区内林口子至阴条岭一带有分布，采集编号 500238MFYT0107。

【资源价值】不明。

褪皮大环柄菇

皮微皮伞

191 类狭褶微皮伞

【拉丁学名】*Marasmiellus stenophylloides*（Dennis）Dennis

【系统地位】担子菌门 > 伞菌纲 > 伞菌目 > 类脐菇科 > 微皮伞属

【形态特征】菌盖直径 0.4 ~ 1.2 cm，白色，不黏，半球形至平展，或中央稍凹陷，膜质，有辐射状沟纹，上被短绒毛。菌肉极薄，白色。菌褶稀疏，狭窄，不等长，直生至短延生，白色。菌柄长 0.5 ~ 1.5 cm，直径 1 ~ 1.5 mm，圆柱形，白色有时成熟后从基部起渐变淡肉桂褐色，有绒毛，柄基吸盘状，空心。担孢子（6 ~ 8）μm×（3 ~ 3.5）μm，梨核形，光滑，无色，非淀粉质。

【生态分布】夏秋季丛生、群生于阔叶林及针叶林中小枝或腐木上，阴条岭自然保护区内林口子至转坪一带有分布，采集编号 500238MFYT0075。

【资源价值】不明。

192 特洛伊微皮伞

【拉丁学名】*Marasmiellus troyanus*（Murrill）Dennis

【系统地位】担子菌门 > 伞菌纲 > 伞菌目 > 类脐菇科 > 微皮伞属

【形态特征】子实体小。菌盖直径 1.5 ~ 2 cm，偏圆形、肾形至扇形，白色至灰白色，有时带灰橙褐色或带肉红色，膜质，被粉末状绒毛，常有沟纹。菌肉薄，白色。菌褶直生，不等长，具微弱横脉，近白色。菌柄长 0.2 ~ 0.3 cm，直径 2 ~ 2.5 mm，侧生或偏生，圆柱形，近白色至淡褐色，有白色绒毛，实心。孢子椭圆形至梨核形，光滑，无色，非淀粉质，（8.5 ~ 10）μm×（4.5 ~ 5.5）μm。

【生态分布】单生至近群生于阔叶林中腐木或枯枝上，阴条岭自然保护区内林口子一带有分布，采集编号 500238MFYT0216。

【资源价值】不明。

类狭褶微皮伞

特洛伊微皮伞

【拉丁学名】*Marasmius hymeniicephalus*（Sacc.）Singer

【系统地位】担子菌门 > 伞菌纲 > 伞菌目 > 小皮伞科 > 小皮伞属

【形态特征】子实体小。菌盖直径 0.7 ~ 4 cm，扁半球形、凸镜形至近平展，有时中央稍有脐凹或小微突，膜质，乳白色，有时稍带蛋壳色，有条纹或沟纹。菌肉极薄，白色。菌褶直生，白色至带微黄色，较密，有分叉和横脉。菌柄长 1.2 ~ 5 cm，直径 1 ~ 2.5 mm，圆柱形，顶端白色至黄白色，向下渐变乳黄色至黄褐色，被白色短绒毛，纤维质，空心，基部具白色绒毛，密集。孢子椭圆形，光滑，无色，（6 ~ 7）μm ×（3 ~ 3.5）μm。

【生态分布】群生至丛生于阔叶林中腐朽的枯枝落叶上，阴条岭自然保护区内转坪至阴条岭和干河坝至骡马店一带有分布，采集编号 500238MFYT0180。

【资源价值】不明。

【拉丁学名】*Marasmius maximus* Hongo

【系统地位】担子菌门 > 伞菌纲 > 伞菌目 > 小皮伞科 > 小皮伞属

【形态特征】子实体中等。菌盖直径 3.5 ~ 10 cm，初为钟形或半球形，后平展，常中部稍突起，表面稍呈水渍状，有辐射状沟纹呈皱褶状，黄褐色至棕褐色，中部常深褐色，四周多少褪色至淡褐色或淡黄色，有时近黄白色，干后甚至近白色。菌肉薄，半肉质到半革质。菌褶宽 2 ~ 7 mm，直生、凹生至离生，较稀，不等长，比菌盖色浅。菌柄长 5 ~ 9 cm，直径 2 ~ 3.5 mm，等粗，质硬，上部被粉末状附属物，实心。孢子近纺锤形至椭圆形，光滑，无色，非淀粉质，（7 ~ 9）μm ×（3 ~ 4）μm。

【生态分布】春至秋季散生、群生至丛生于林内落叶层较多的地上或草地上，阴条岭自然保护区内林口子至转坪一带有分布，采集编号 500238MFYT0074。

【资源价值】可食用。

膜盖小皮伞

大型小皮伞

【拉丁学名】_Marasmius neosessilis_ Singer

【系统地位】担子菌门 > 伞菌纲 > 伞菌目 > 小皮伞科 > 小皮伞属

【形态特征】子实体小。菌盖直径 0.4 ~ 1.8 cm，扇形或呈侧耳状，橙褐色或浅红褐色，老后或干后褪为肉色，膜质，不黏，有细短绒毛或光滑，边缘平整，有稀疏的浅沟纹。菌肉很薄，白色，无明显气味或有蒜味。菌褶稀疏似脉状，直立，黄白色或奶黄色，不等长或分叉，窄，有横脉。菌柄长 0.2 cm 左右，侧生或无，色浅或近菌盖色，有绒毛，实心。孢子椭圆形或宽椭圆形，光滑，无色，（6 ~ 9）μm ×（3.5 ~ 5）μm。

【生态分布】夏季雨后生于阔叶树的树皮、腐木或枯枝上，阴条岭自然保护区内林口子至阴条岭一带有分布，采集编号 500238MFYT0113。

【资源价值】不明。

【拉丁学名】_Marasmius oreades_（Bolton）Fr.

【系统地位】担子菌门 > 伞菌纲 > 伞菌目 > 小皮伞科 > 小皮伞属

【形态特征】子实体小至中等。菌盖直径 2.5 ~ 5 cm，幼时扁平球形，成熟后逐渐平展，浅肉色至黄褐色，中部稍突起，边缘平滑，湿时可见条纹。菌肉薄，近白色至带菌盖颜色。菌褶白色至污白色，直生，稀疏，不等长。菌柄长 3 ~ 7 cm，直径 3 ~ 5 mm，圆柱形，淡黄白色至褐色，表面被一层绒毛状鳞片，实心。孢子椭圆形，光滑，无色，（7.5 ~ 9.5）μm ×（3 ~ 3.5）μm。

【生态分布】初夏至夏季的草地、路边、田野、森林等地容易形成蘑菇圈，阴条岭自然保护区内林口子一带有分布，采集编号 500238MFYT0010。

【资源价值】食药兼用。

新无柄小皮伞

硬柄小皮伞

【**拉丁学名**】*Marasmius purpureostriatus* Hongo

【**系统地位**】担子菌门 > 伞菌纲 > 伞菌目 > 小皮伞科 > 小皮伞属

【**形态特征**】子实体小。菌盖直径 1 ~ 2.5 cm，钟形至半球形，中部下凹呈脐形，顶端有一小突起，由盖顶部放射状形成紫褐色或浅紫褐色沟条，后期盖面色变浅。菌肉薄，污白色。菌褶近离生，污白色至乳白色，稀疏，不等长。菌柄长 4 ~ 11 cm，直径 2 ~ 3 mm，圆柱形，上部污白色，向基部渐呈褐色，表面有微细绒毛，基部常有白色粗毛，空心。孢子长棒状，光滑，无色，（22.5 ~ 30）μm ×（5 ~ 7）μm。

【**生态分布**】夏秋季生于阔叶林中枯枝落叶上，阴条岭自然保护区内林口子至阴条岭一带有分布，采集编号 500238MFYT0222。

【**资源价值**】不明。

【**拉丁学名**】*Marasmius siccus*（Schwein.）Fr.

【**系统地位**】担子菌门 > 伞菌纲 > 伞菌目 > 小皮伞科 > 小皮伞属

【**形态特征**】子实体小。菌盖直径 1 ~ 2 cm，半球形、凸镜形至平展，橙黄色、赭黄色、橙色至深橙色，中央下陷，有脐突，有条纹。菌肉薄，白色。菌褶宽 1 ~ 1.5 mm，弯生至近离生，白色，较稀，有或无小菌褶，边缘带菌盖颜色，有些标本不明显。菌柄长 2 ~ 5 cm，直径 0.5 ~ 1.5 mm，圆柱形，上部白色，向下逐渐变为深栗色至黑色，光滑，有漆样光泽，基部有白色至黄白色的菌丝体。孢子倒披针形，常弯曲，光滑，白色，（16 ~ 21）μm ×（3 ~ 4）μm。

【**生态分布**】夏秋季群生或单生于林内阔叶树落叶上，阴条岭自然保护区内林口子一带有分布，采集编号 500238MFYT0009。

【**资源价值**】不明。

伞菌类

紫沟条小皮伞

干小皮伞

199 杯伞状大金钱菌

【拉丁学名】*Megacollybia clitocyboidea* R.H. Petersen，Takehashi & Nagas.

【系统地位】担子菌门 > 伞菌纲 > 伞菌目 > 小皮伞科 > 大金钱菌属

【形态特征】子实体中等。菌盖直径 5 ～ 10 cm，幼时钟形，成熟后平展至上翻，中央稍下凹，浅褐色，水浸状。菌肉白色。菌褶白色，较稀，不等长，直生。菌柄长 4 ～ 6 cm，基部稍弯，白色，表面有白色纤毛，内部较松，实心。担子无隔，产 4 个担孢子，担孢子卵圆形至近球形，（13 ～ 15）μm ×（10 ～ 12）μm。

【生态分布】夏秋季生于腐木或林中地上，阴条岭自然保护区内林口子至转坪一带有分布，采集编号 500238MFYT0055。

【资源价值】有毒。

200 宽褶大金钱菌

【拉丁学名】*Megacollybia platyphylla*（Pers.）Kotl. & Pouzar

【系统地位】担子菌门 > 伞菌纲 > 伞菌目 > 小皮伞科 > 大金钱菌属

【形态特征】子实体中等至较大。菌盖直径 5 ～ 12 cm，扁半球形至平展，灰白色至灰褐色，湿润时水浸状，光滑或具深色细条纹，边缘平滑且往往裂开或翻起。菌肉白色，薄。菌褶白色，初期直生后变弯生或近离生，较宽，稀，不等长。菌柄长 5 ～ 12 cm，直径 1 ～ 1.5 cm，白色至灰褐色，具纤毛和纤维状条纹，表皮脆骨质，里面纤维质，基部往往有白色根状菌丝索。孢子无色，光滑，卵圆至宽椭圆形，（7.7 ～ 10）μm ×（6.2 ～ 8.9）μm。

【生态分布】夏秋季单生或近丛生于腐木或土中腐木上，阴条岭自然保护区内林口子至阴条岭一带有分布，采集编号 500238MFYT0158。

【资源价值】可食用。

杯伞状大金钱菌

宽褶大金钱菌

【拉丁学名】*Mycena acicula*（Schaeff.）P. Kumm.

【系统地位】担子菌门 > 伞菌纲 > 伞菌目 > 小菇科 > 小菇属

【形态特征】子实体小。菌盖直径 0.2 ~ 0.9 cm，初期半球形，后期渐变宽圆锥形，浅橙红色至橙黄色，向边缘颜色变浅，边缘具沟纹。菌肉薄，乳黄色至浅橙黄色，气味不明显。菌褶直生至弯生，边缘平整。菌柄长 1 ~ 5 cm，直径 1 ~ 2 mm，圆柱形，等粗，空心，稍黏，初期柠檬黄色，近基部渐变近白色，上部具白色粉末，基部具白色纤毛。孢子长椭圆形至近梭形，光滑，无色，淀粉质，（8.5 ~ 12）μm ×（3 ~ 4）μm。

【生态分布】夏秋季单生或散生于枯枝落叶上，阴条岭自然保护区内林口子至阴条岭一带有分布，采集编号 500238MFYT0230。

【资源价值】不明。

【拉丁学名】*Mycena filopes*（Bull.）P. Kumm.

【系统地位】担子菌门 > 伞菌纲 > 伞菌目 > 小菇科 > 小菇属

【形态特征】子实体小。菌盖直径 0.3 ~ 0.6 cm，初期凸镜形，后期渐变为钟形，表面覆盖白色粉末状物，具条纹，初期浅灰色，后期渐褪色为污白色。菌肉薄，气味和味道不明显。菌褶离生或稍延生，稀疏，窄，白色。菌柄长 2 ~ 3.5 cm，直径 1 ~ 2 mm，圆柱形，向基部渐膨大，表面密布白色绒毛，后期渐变为白色粉末。孢子椭圆形，光滑，无色，淀粉质，（7.5 ~ 9.5）μm ×（4 ~ 5）μm。

【生态分布】夏秋季单生至散生于枯枝落叶上，阴条岭自然保护区内大官山一带有分布，采集编号 500238MFYT0273。

【资源价值】不明。

伞菌类

红顶小菇

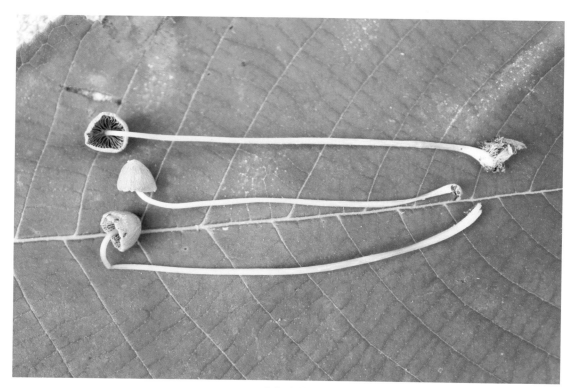

纤柄小菇

【拉丁学名】*Mycena galericulata*（Scop.）Gray

【系统地位】担子菌门 > 伞菌纲 > 伞菌目 > 小菇科 > 小菇属

【形态特征】子实体小。菌盖直径 2 ~ 5 cm，幼时钟形，成熟后逐渐平展，半透明状，表面具沟纹或明显的褶皱；幼时颜色较深，后呈铅灰色，中部色深，边缘近白色，偶尔稍开裂。菌肉半透明，薄，无明显气味。菌褶稍密，白色，不等长，直生至弯生，幼时稍延生，有时分叉或在菌褶之间形成横脉。菌柄长 4 ~ 8 cm，直径 2 ~ 5 mm，圆柱形或扁平，幼时深灰色，成熟后呈灰色至灰白色，平滑，空心，软骨质，基部被白色毛状菌丝体。孢子宽椭圆形，光滑，无色，淀粉质，（9.5 ~ 12）μm ×（7.5 ~ 9）μm。

【生态分布】初夏至秋季生于森林中阔叶树或针叶树的树桩、腐木或枯枝上，阴条岭自然保护区内林口子至阴条岭一带有分布，采集编号 500238MFYT0407。

【资源价值】食药兼用。

【拉丁学名】*Mycena haematopus*（Pers.）P. Kumm.

【系统地位】担子菌门 > 伞菌纲 > 伞菌目 > 小菇科 > 小菇属

【形态特征】子实体小。菌盖直径 2.5 ~ 5 cm，幼时圆锥形，逐渐变为钟形，具条纹；幼时暗红色，成熟后稍淡，中部色深，边缘色淡且常开裂呈较规则的锯齿状；幼时有白色粉末状细颗粒，后变光滑，伤后流出血红色汁液。菌肉薄，白色至酒红色。菌褶直生或近弯生，白色至灰白色，有时可见暗红色斑点，较密。菌柄长 3 ~ 6 cm，直径 2 ~ 3 mm，圆柱形或扁，等粗，与菌盖同色或稍淡，被白色细粉状颗粒，空心，脆质，基部被白色毛状菌丝体。孢子宽椭圆形，光滑，无色，淀粉质，（7.5 ~ 11）μm ×（5 ~ 7）μm。

【生态分布】初夏至秋季常簇生于腐朽程度较深的阔叶树腐木上，阴条岭自然保护区内转坪一带有分布，采集编号 500238MFYT0359。

【资源价值】食药兼用。

伞菌类

盔盖小菇

血红小菇

205 水晶小菇

【拉丁学名】*Mycena laevigata* Gillet

【系统地位】担子菌门 > 伞菌纲 > 伞菌目 > 小菇科 > 小菇属

【形态特征】菌盖直径 0.8 ~ 6.0 cm，幼时半球形或钟形，有时中央稍下凹，老后圆锥形且中央圆锥状至钝突起，白色、乳白色至灰白色，中央及边缘带有淡黄褐色，老后表面出现红褐色斑点，光滑、黏，后变干，具明显透明状条纹，形成浅沟槽，边缘平整。菌肉白色至灰白色，薄，易碎，气味与味道不明显。菌褶白色至灰白色，直生，与菌柄连接处具不明显小齿。菌柄长 2.1 ~ 7.6 cm，直径 0.5 ~ 3.0 mm，圆柱形，中空，脆骨质，幼时深灰色，后浅灰色至灰白色，向下渐变浅至乳白色，中部向下带有明显的污黄色，幼时表面黏，基部密被白色菌丝体。担孢子（6.6 ~ 7.4）μm ×（3.7 ~ 4.8）μm，椭圆形至长椭圆形，内含油滴，无色，光滑，薄壁，淀粉质。

【生态分布】夏季生于林中地上，阴条岭自然保护区内干河坝至骡马店一带有分布，采集编号 500238MFYT0372。

【资源价值】不明。

206 皮尔森小菇

【拉丁学名】*Mycena pearsoniana* Dennis ex Singer

【系统地位】担子菌门 > 伞菌纲 > 伞菌目 > 小菇科 > 小菇属

【形态特征】子实体小。菌盖直径 0.9 ~ 1.8 cm，幼时半球形或凸镜形，老后渐平展，幼时中央具钝圆突起，后偶尔稍下凹，淡紫色至紫褐色，边缘不平整稍呈锯齿状，具透明状条纹。菌肉淡灰紫色，具强烈的胡萝卜味。菌褶淡紫色至紫色，弯生至稍延生。菌柄长 4.3 ~ 6.5 cm，直径 1 ~ 2 mm，圆柱形，中空，脆骨质，上部微被粉霜，易消失，基部稍膨大且具少量白色绒毛。孢子椭圆形至长椭圆形，无色，光滑，薄壁，非淀粉质，（6.6 ~ 8.5）μm ×（4 ~ 4.6）μm。

【生态分布】夏秋季单生或散生于针叶林中枯枝落叶层上，阴条岭自然保护区内杨柳池一带有分布，采集编号 500238MFYT0158。

【资源价值】不明。

伞菌类

水晶小菇

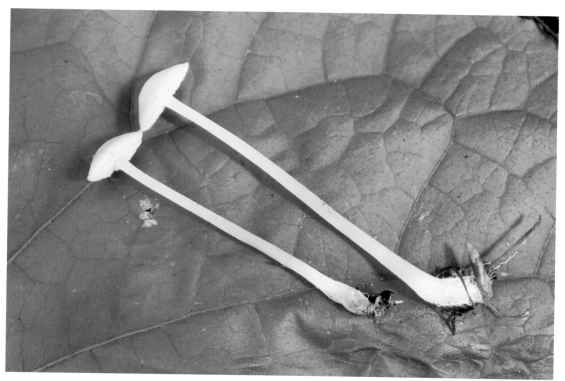

皮尔森小菇

【拉丁学名】*Mycena pura*（Pers.）P. Kumm.

【系统地位】担子菌门 > 伞菌纲 > 伞菌目 > 小菇科 > 小菇属

【形态特征】子实体小。菌盖直径 2.5 ～ 5 cm，幼时半球形，后平展至边缘稍上翻，具条纹；幼时紫红色，成熟后稍淡，中部色深，边缘色淡，并开裂呈较规则的锯齿状。菌肉薄，灰紫色。菌褶较密，直生或近弯生，通常在菌褶之间形成横脉，不等长，白色至灰白色，有时呈淡紫色。菌柄长 3 ～ 6 cm，直径 3 ～ 5 mm，圆柱形或扁，等粗或向下稍粗，与菌盖同色或稍淡，光滑，空心，软骨质，基部被白色毛状菌丝体。孢子椭圆形，光滑，无色，淀粉质，（6.5 ～ 8）μm ×（4 ～ 5）μm。

【生态分布】夏秋季散生于针阔混交林或针叶林中地上，阴条岭自然保护区内林口子至转坪一带有分布，采集编号 500238MFYT0046。

【资源价值】食药兼用。

【拉丁学名】*Mycena rosea* Gramberg

【系统地位】担子菌门 > 伞菌纲 > 伞菌目 > 小菇科 > 小菇属

【形态特征】子实体小。菌盖直径 1 ～ 3 cm，幼时半圆形，成熟后凸镜形，中央处带有突起，表面光滑或带有辐射状的纤毛，有透明状条纹，灰棕色至黄棕色，有时稍带有淡紫色，边缘锯齿状。菌肉水浸状，灰棕色，薄。菌褶幼时白色，成熟后灰棕色，有时稍带粉棕色，宽直生至近延生，边缘光滑，紫色至红棕色。菌柄长 2 ～ 4.5 cm，直径 1.5 ～ 2.5 mm，圆柱形，常弯曲，表面光滑，淡灰棕色并稍带有紫棕色，顶端色淡，有细白粉末，空心，下部色深，基部具有白色菌丝状粗毛。孢子椭圆形，光滑，无色，非淀粉质，（9 ～ 13）μm ×（6 ～ 8）μm。

【生态分布】群生于阔叶树腐木或枯枝落叶上，阴条岭自然保护区内林口子至转坪一带有分布，采集编号 500238MFYT0300。

【资源价值】不明。

洁小菇

粉色小菇

【拉丁学名】*Mycena sanguinolenta*（Alb. & Schwein.）P. Kumm.

【系统地位】担子菌门 > 伞菌纲 > 伞菌目 > 小菇科 > 小菇属

【形态特征】子实体小。菌盖直径 0.5 ~ 1.3 cm，圆锥形至钟形，呈紫红褐色，边缘色淡，湿时有放射状条纹。菌肉薄，近白色至带菌盖颜色。菌褶直生，白色或浅红色，略带红褐色。菌柄长 2.5 ~ 5 cm，直径 0.5 ~ 1 mm，与菌盖同色，根部有白毛，伤后有红色汁液流出。孢子椭圆形，光滑，无色，淀粉质，（7.5 ~ 9.5）μm ×（4 ~ 4.5）μm。

【生态分布】春秋季生于阔叶林及针阔混交林枯枝落叶上，阴条岭自然保护区内林口子、天池坝一带有分布，采集编号 500238MFYT0199。

【资源价值】不明。

【拉丁学名】*Mycena silvae-nigrae* Maas Geest. & Schwöbel

【系统地位】担子菌门 > 伞菌纲 > 伞菌目 > 小菇科 > 小菇属

【形态特征】子实体小。菌盖直径 0.6 ~ 2.1 cm，幼时斗笠形，后凸镜形，中央钝圆突起，黄褐色、褐色至深褐色，表面具粉霜，易脱落，表面透明状条纹，形成浅沟槽，边缘不平整，呈波浪状。菌肉白色，易碎。菌褶白色至污白色，直生至稍弯生。菌柄长 1.8 ~ 4.5 cm，直径 1 ~ 2.5 mm，圆柱形，中空，脆骨质，上部淡黄褐色，向下渐深暗褐色、黑褐色，幼时表面被粉霜，易消失，基部具密集球状白色长绒毛。孢子宽椭圆形至椭圆形，内含油滴，无色，光滑，薄壁，淀粉质，（7.3 ~ 9.7）μm ×（5.3 ~ 6.2）μm。

【生态分布】夏秋季单生或散生于云杉等针叶林中腐木上，阴条岭自然保护区内林口子一带有分布，采集编号 500238MFYT0207。

【资源价值】不明。

血色小菇

暗黑小菇

【拉丁学名】*Mycetinis scorodonius*（Fr.）A.W. Wilson & Desjardin

【系统地位】担子菌门 > 伞菌纲 > 伞菌目 > 类脐菇科 > 微菇属

【形态特征】子实体小。菌盖直径 1 ~ 2.5 cm，幼时半球形，成熟后逐渐平展，边缘稍向内弯曲，具放射状褶皱，干，光滑，黄褐色至带红色，颜色逐渐变淡。菌肉薄，近白色至黄白色。菌褶直生，较窄，稍稀疏，常分叉，色淡至肉粉色。菌柄长 2 ~ 6 cm，直径 1 ~ 2 mm，圆柱形或扁，顶部与菌盖同色或稍淡，其余部分为深褐色。子实体具有较明显的蒜味。孢子长椭圆形，光滑，无色，淀粉质，（7 ~ 9）μm ×（3 ~ 5）μm。

【生态分布】夏季生于针叶林中地上腐殖质或植物残体上，阴条岭自然保护区内林口子至阴条岭一带有分布，采集编号 500238MFYT0344。

【资源价值】不明。

【拉丁学名】*Oudemansiella canarii*（Jungh.）Höhn.

【系统地位】担子菌门 > 伞菌纲 > 伞菌目 > 泡头菌科 > 小奥德蘑属

【形态特征】子实体一般中等。菌盖直径 4 ~ 6.5 cm，表面褐色至棕褐色，湿时黏。菌肉白色。菌褶白色至污白色，直生至延生，较稀，不等长，褶缘粗糙呈褐色至暗色。菌柄常弯曲，污白色，表面有深褐色纤毛及纵条纹，内部松软至变空心。孢子卵圆形、宽卵圆至近球形，（12 ~ 23）μm ×（10.5 ~ 18）μm。

【生态分布】夏秋季单生或群生于阔叶林中腐木上，阴条岭自然保护区内林口子一带有分布，采集编号 500238MFYT0229。

【资源价值】可食用。

蒜头状微菇

热带小奥德蘑

【拉丁学名】*Panellus stipticus*（Bull.）P. Karst.

【系统地位】担子菌门 > 伞菌纲 > 伞菌目 > 小菇科 > 扇菇属

【形态特征】子实体小。菌盖直径 1 ~ 3 cm，扇形，浅土黄色、橙白色或黄褐色至褐色等，幼时为肉质，老后为革质，平展，边缘稍内卷，呈半圆形或肾形；边缘轮廓不规则形，有时呈撕裂或波状，干，有细绒毛或绵毛；成熟时具褶皱、龟裂纹或麸状小鳞片，棕色至淡黄棕色，有时褪色至污白色。菌肉白色、淡黄色或稍褐色。菌褶直生，密，常分叉，褶间有横脉，白色至淡黄棕色。菌柄侧生，短，基部渐细，淡肉桂色。孢子椭圆形，光滑，无色，淀粉质，（4 ~ 6）μm ×（2 ~ 2.5）μm。

【生态分布】春至秋季群生于阔叶树树桩、树干及枯枝上，阴条岭自然保护区内转坪和干河坝至骡马店一带有分布，采集编号 500238MFYT0162。

【资源价值】有毒，但记载可药用。

【拉丁学名】*Parasola plicatilis*（Curtis）Redhead，Vilgalys & Hopple

【系统地位】担子菌门 > 伞菌纲 > 伞菌目 > 小脆柄科 > 小脆柄属

【形态特征】子实体小。菌盖直径 1 ~ 3 cm，初期卵圆形，渐变为钟形，后期平展，淡灰色，中部稍下陷，带褐色，边缘放射状长条纹达菌盖中央。菌肉薄，污白色。菌褶近离生，稀疏，灰色至灰黑色，薄，不自溶。菌柄长 3 ~ 7 cm，直径 1 ~ 2 mm，圆柱形，白色，光滑，细长，空心。孢子（10 ~ 12）μm ×（8 ~ 10）μm，近柠檬形，黑褐色至黑色，表面光滑。

【生态分布】单生或群生于草地、花圃中腐木屑或腐殖质上，阴条岭自然保护区内千字筏一带有分布，采集编号 500238MFYT0289。

【资源价值】可食用。

止血扇菇

褶纹近地伞

【**拉丁学名**】*Paxillus involutus*（Batsch）Fr.

【**系统地位**】担子菌门 > 伞菌纲 > 牛肝菌目 > 桩菇科 > 桩菇属

【**形态特征**】子实体中等至大。菌盖直径 6 ～ 16 cm，初期半球形至扁半球形，后渐平展，中部下凹呈漏斗状，边缘内卷，黄褐色至橄榄褐色，湿时稍黏，成熟后具少量绒毛至近光滑。菌肉较厚，浅黄色。菌褶延生，较密，有横脉，不等长，靠近菌柄部分的菌褶间连接成网状，黄绿色至青褐色，伤后变暗褐色。菌柄长 5 ～ 9 cm，直径 0.6 ～ 1.6 cm，圆柱形或基部稍膨大，偏生，实心，与菌盖同色。孢子（6 ～ 11.5）μm ×（5.5 ～ 7）μm，椭圆形，光滑，锈褐色。

【**生态分布**】春末至秋季群生、丛生或散生于阔叶树林中地上，阴条岭自然保护区内大官山一带有分布，采集编号 500238MFYT0260。

【**资源价值**】食药兼用。

【**拉丁学名**】*Phaeocollybia jennyae*（P. Karst.）Romagn.

【**系统地位**】担子菌门 > 伞菌纲 > 伞菌目 > 丝膜菌科 > 暗金钱菌属

【**形态特征**】子实体小。菌盖直径 1.5 ～ 4 cm，圆锥形至平展或扁锥形，具脐突，橙褐色或蜡褐色，有贴生绒毛或光滑，边缘稍内卷。菌肉薄，淡褐色。菌褶密，初近白色，后变锈色，不等长。菌柄长 4 ～ 5 cm，直径 3 ～ 4 mm，中生至偏生，圆柱形，近柄基部稍膨大，向下收缩呈假根状，上截及幼时近白色，后渐变褐色，光滑，纤维质，空心。孢子卵圆形，有麻点，无芽孔，锈红褐色，（4.5 ～ 6）μm ×（3 ～ 4.5）μm。

【**生态分布**】夏秋季单生至散生于针阔混交林或阔叶林中地上，阴条岭自然保护区内转坪和干河坝至骡马店一带有分布，采集编号 500238MFYT0194。

【**资源价值**】有毒。

卷边桩菇

詹尼暗金钱菌

【拉丁学名】*Pholiota adiposa*（Batsch）P. Kumm.

【系统地位】担子菌门 > 伞菌纲 > 伞菌目 > 球盖菇科 > 鳞伞菇属

【形态特征】子实体中等。菌盖直径 5 ~ 12 cm，初期扁半球形，后期平展，中部稍突起，湿时黏至胶黏，干时有光泽；柠檬黄色、谷黄色、污黄色或黄褐色，覆有一层透明黏液，边缘初时内卷，常挂有纤毛状菌幕残片。菌肉厚，致密，白色至淡黄色，气味柔和。菌褶近弯生至直生，稍密，黄色至锈黄色。菌柄长 4 ~ 11 cm，直径 0.6 ~ 1.3 cm，中生，表面黏，等粗或向下稍细，与菌盖表面同色，纤维质。孢子（6 ~ 7.5）μm ×（3 ~ 4.5）μm，卵圆形至椭圆形，薄壁，光滑，锈褐色。

【生态分布】春末至秋季群生、丛生于阔叶树倒木上，阴条岭自然保护区内林口子至阴条岭一带有分布，采集编号 500238MFYT0198。

【资源价值】食药兼用。

【拉丁学名】*Pholiota alnicola*（Fr.）Singer

【系统地位】担子菌门 > 伞菌纲 > 伞菌目 > 球盖菇科 > 鳞伞菇属

【形态特征】子实体中等。菌盖直径 3 ~ 7 cm，初期扁半球形，后期平展，中部稍突，湿润时稍黏，非水渍状，棕色或深肉桂色，边缘具散生的鳞片，易脱落。菌肉黄色，伤不变色。菌褶直生或稍弯生，初期灰白色或浅黄色，后期锈褐色。菌柄长 6 ~ 10 cm，直径 0.5 ~ 1.1 cm，圆柱形，顶部稍粗，向下渐细，黄褐色至深褐色，下部色深，常弯曲或扭曲，初期实心，后期空心。菌环白色，易脱落。孢子（8 ~ 10.5）μm ×（5 ~ 6）μm，卵圆形至椭圆形，光滑，黄褐色至锈褐色。

【生态分布】夏秋季群生、丛生于针阔混交林中朽木上，阴条岭自然保护区内林口子至击鼓坪一带有分布，采集编号 500238MFYT0236。

【资源价值】不明。

多脂鳞伞

栲生鳞伞

【拉丁学名】*Cortinarius bolaris*（Pers.）Zawadzki

【系统地位】担子菌门 > 伞菌纲 > 伞菌目 > 丝膜菌科 > 丝膜菌属

【形态特征】菌盖直径 2 ~ 3.5 cm，初期半球形，后期凸镜形，逐渐平展，有时中央具突起，浅黄色至褐黄色，密布着平伏的红褐色绒毛状小鳞片，边缘内弯至平展。菌肉白色，伤后变橘黄色。菌褶弯生，浅黄褐色至黄褐色，略带橄榄色，稍密，不等长。菌柄长 2.5 ~ 4.5 cm，直径 3 ~ 6 mm，圆柱形，基部稍膨大；幼时实心，成熟后变空心；表面浅黄色，密布平伏的红褐色绒毛状鳞片。内菌幕蜘蛛丝状，幼时近白色，成熟后因担孢子转成红褐色。担孢子（6 ~ 8）μm×（5 ~ 6）μm，近球形至卵圆形，表面具疣状突起，浅褐色。

【生态分布】夏秋季丛生于林内或路旁地上，阴条岭自然保护区内阴条岭一带有分布，采集编号 500238MFYT0138。

【资源价值】记载有毒。

【拉丁学名】*Phylloporus bellus*（Massee）Corner

【系统地位】担子菌门 > 伞菌纲 > 牛肝菌目 > 牛肝菌科 > 褶孔牛肝菌属

【形态特征】子实体中等。菌盖直径 4 ~ 6 cm，扁平至平展，被黄褐色至红褐色绒状鳞片。菌肉米色至淡黄色，伤不变色或稍变蓝色，菌褶延生，稍稀，黄色，伤后变蓝色。菌柄长 3 ~ 7 cm，直径 0.5 ~ 0.7 cm，圆柱形，被绒毛，黄褐色至红褐色基部有白色菌丝体。孢子（9 ~ 12）μm×（4 ~ 5）μm，长椭圆形至近梭形，光滑，青黄色。

【生态分布】生于针阔混交林中地上，阴条岭自然保护区内阴条岭和干河坝至骡马店一带有分布，采集编号 500238MFYT0402。

【资源价值】可食用。

掷丝膜菌

美丽褶孔菌

【拉丁学名】*Phylloporus luxiensis* M. Zang

【系统地位】担子菌门 > 伞菌纲 > 牛肝菌目 > 牛肝菌科 > 褶孔牛肝菌属

【形态特征】子实体中等。菌盖直径 4 ~ 8 cm，扁平至平展，被褐色、肉桂褐色至灰褐色鳞片。菌肉白色，伤不变色。菌褶延生，黄色、黄褐色至污黄色，伤不变色。菌柄长 2 ~ 6 cm，直径 0.3 ~ 1 cm，圆柱形，上半部有纵纹并被红褐色至紫褐色细小鳞片，下半部黄褐色、褐色至灰褐色。孢子（9.5 ~ 12.5）μm ×（4.5 ~ 5）μm，长椭圆形至近梭形，光滑，浅青黄色。

【生态分布】生于常绿阔叶林中地上，阴条岭自然保护区内林口子至阴条岭一带有分布，采集编号 500238MFYT0098。

【资源价值】可食用。

【拉丁学名】*Pleurotus ostreatus*（Jacq.）P. Kumm.

【系统地位】担子菌门 > 伞菌纲 > 伞菌目 > 侧耳科 > 侧耳属

【形态特征】子实体中等。菌盖直径 4 ~ 14 cm，初为扁平形至微突起，后平展呈扇形、肾形、贝壳形、半圆形等，浅灰色至黑褐色，后逐渐变成暗黄褐色，光滑或湿润时很黏，被纤维状绒毛或光滑；盖缘薄，幼时内卷，后逐渐平展至向外翻，有时开裂，边缘无条纹。菌肉厚，肉质，白色，鲜时柔软，干时坚硬，但遇水后复性强。菌褶宽 2 ~ 4 mm，常延生，在柄上交织，白色、浅黄色至灰黄色。菌柄短或无柄，如有则侧生、稍偏生，长 1 ~ 3 cm，直径 1 ~ 2 cm，表面光滑或密生绒毛，白色，实心。孢子圆柱形、长椭圆形，光滑，无色，非淀粉质，（10 ~ 11.3）μm ×（3.3 ~ 5）μm。

【生态分布】晚秋生于倒木、枯立木、树桩、原木上，也生于衰弱的活立木基部，阴条岭自然保护区内干河坝至骡马店一带有分布，采集编号 500238MFYT0240。

【资源价值】食药兼用，已广泛人工栽培。

潞西褶孔菌

平菇

【拉丁学名】*Pleurotus pulmonarius*（Fr.）Quél.

【系统地位】担子菌门 > 伞菌纲 > 伞菌目 > 侧耳科 > 侧耳属

【形态特征】子实体中等。菌盖直径 2.5 ~ 10 cm 或更大，半圆形、扇形、肾形、贝壳形、圆形，初期盖缘内卷，后渐平展，中部稍凹陷或呈微漏斗形，盖缘成熟时开裂成瓣状，灰白色或黄褐色，表面平滑。菌肉肉质，较硬，复性强，白色至乳白色。菌褶短延生至菌柄顶端，在菌柄处交织，中等密度或稍密，不等长。菌柄无或有，如果有菌柄则长 0.8 ~ 2.5 cm，直径 0.7 ~ 1.2 cm，偏生、侧生，实心，基部被绒毛。孢子（7.5 ~ 10）μm ×（3 ~ 5）μm，长椭圆形、圆柱形、椭圆形，具明显的尖突，光滑，无色，非淀粉质。

【生态分布】春至秋季生于阔叶树枯木上，阴条岭自然保护区内林口子至阴条岭一带有分布，采集编号 500238MFYT0157。

【资源价值】可食用，已人工栽培。

【拉丁学名】*Pluteus admirabilis*（Peck）Peck

【系统地位】担子菌门 > 伞菌纲 > 伞菌目 > 光柄菇科 > 光柄菇属

【形态特征】子实体小。菌盖直径 0.9 ~ 3 cm，钟形、半球形至凸镜形，中央略突起，新鲜时湿润，初期亮黄色，后变鹅黄色至黄褐色，有皱纹，边缘具条纹。菌肉薄，白色至黄色。菌褶离生，不等长，不分叉，稠密，初期白色，后黄色至粉红色。菌柄长 3 ~ 5 cm，直径 1.5 ~ 2.5 mm，圆柱形，基部稍膨大，近白色、淡黄色至黄色，脆骨质，内部松软至空心。担孢子（5 ~ 6.5）μm ×（4.5 ~ 5.5）μm，卵圆形、宽椭圆形至近球形，光滑，粉红色。

【生态分布】群生于针阔混交林中腐木上，阴条岭自然保护区内林口子一带有分布，采集编号 500238MFYT0352。

【资源价值】不明。

肺形侧耳

黄光柄菇

【拉丁学名】*Pluteus thomsonii*（Berk. & Broome）Dennis

【系统地位】担子菌门 > 伞菌纲 > 伞菌目 > 光柄菇科 > 光柄菇属

【形态特征】子实体小。菌盖直径 2 ~ 3.6 cm，具脐状突起至扁平或平展，茶色至深褐色，中部黑色至灰色，边缘栗色至白色，有放射皱纹至轻微的细脉纹，网状隆起，周边有放射状条纹。菌肉薄，白色。菌褶初期白色或灰色，成熟时粉色至褐色，渐密。菌柄长 2.4 ~ 6 cm，直径 1.5 ~ 6 mm，基部稍膨大，比菌盖色淡，有纵向纤维状条纹，表面附着茶褐色粉状小颗粒，空心，纤维质。孢子（6 ~ 8）μm ×（4 ~ 6.5）μm，近球形至宽椭圆形，光滑，麦秆黄色至淡粉红色。

【生态分布】秋季单生或群生于阔叶林中杂草下的腐木上，阴条岭自然保护区内兰英大峡谷一带有分布，采集编号 500238MFYT0242。

【资源价值】不明。

【拉丁学名】*Oudemansiella orientalis* Zhu L. Yang

【系统地位】担子菌门 > 伞菌纲 > 伞菌目 > 泡头菌科 > 小长桥菌属

【形态特征】子实体中等。菌盖直径 2.5 ~ 10 cm，半球形至圆锥形至平凸形，幼时烟棕色至土褐色，成熟时烟灰色至鼠灰色，边缘较浅，径向有皱纹，湿时黏。菌柄长 1 ~ 6 cm，直径 4.5 ~ 5 mm，白色至棕色，有白色小鳞片。孢子多为椭球体，有时为宽杏仁状，光滑，非淀粉质，（12 ~ 16.5）μm ×（9.5 ~ 13）μm。

【生态分布】夏秋季生于亚热带林中腐木上，阴条岭自然保护区内阴条岭和干河坝至骡马店一带有分布，采集编号 500238MFYT0328。

【资源价值】可食用。

网盖光柄菇

东方小奥德蘑

227 黄盖小脆柄菇（白黄小脆柄菇）

【拉丁学名】*Psathyrella candolleana*（Fr.）Maire

【系统地位】担子菌门 > 伞菌纲 > 伞菌目 > 小脆柄菇科 > 小脆柄菇属

【形态特征】子实体中等。菌盖直径 2 ~ 7 cm，幼时圆锥形，渐变为钟形，老熟后平展；初期边缘悬挂花边状菌幕残片，黄白色、淡黄色至浅褐色；具透明状条纹，成熟后边缘开裂，水浸状。菌肉薄，污白色至灰棕色。菌褶密，直生，淡褐色至深紫褐色，边缘齿状。菌柄长 4 ~ 7 cm，直径 3 ~ 5 mm，圆柱形，基部略膨大，幼时实心，成熟后空心，丝光质，表面具白色纤毛。孢子（6.5 ~ 8.2）μm ×（3.5 ~ 5.1）μm，椭圆形至长椭圆形，光滑，淡棕褐色。

【生态分布】夏秋季簇生于林中地上、田野、路旁等，罕生于腐朽的木桩上，阴条岭自然保护区内林口子至转坪一带有分布，采集编号 500238MFYT0032。

【资源价值】可食用。

228 乳褐小脆柄菇

【拉丁学名】*Psathyrella lactobrunnescens* A.H. Sm.

【系统地位】担子菌门 > 伞菌纲 > 伞菌目 > 小脆柄菇科 > 小脆柄菇属

【形态特征】子实体小。菌盖直径 1.5 ~ 3.5 cm，钟形，初期乳白色，后呈灰褐色，中央脐状凸起且呈土褐色，具绒毛，薄，脆，边缘有明显长条纹。菌肉白色，薄。菌褶锈褐色到紫褐色，直生至弯生，不等长。菌柄长 1 ~ 4 cm，直径 0.9 ~ 1.8 mm，圆柱形，白色，有绒毛，质脆，空心。孢子光滑，一端平截，椭圆形，（6 ~ 10）μm ×（3.5 ~ 5.5）μm。

【生态分布】初夏至秋季群生或簇生于腐木或腐木桩旁地上，阴条岭自然保护区内林口子至阴条岭一带有分布，采集编号 500238MFYT0003。

【资源价值】不明。

黄盖小脆柄菇

乳褐小脆柄菇

【拉丁学名】*Psathyrella obtusata*（Pers.）A.H. Sm.

【系统地位】担子菌门 > 伞菌纲 > 伞菌目 > 小脆柄菇科 > 小脆柄菇属

【形态特征】子实体小。菌盖直径 2 ~ 5 cm，幼时半球形至凸镜形，后渐平展，边缘具条纹，褐色至深棕色，水浸状。菌肉薄，污白色，气味温和清淡。菌褶直生，灰褐色至暗褐色，稍稀，不等长。菌柄长 2 ~ 8 cm，直径 0.5 ~ 1.2 mm，圆柱形，空心，近光滑，上部白色，下部淡棕色。孢子（6.5 ~ 9.5）μm×（4.4 ~ 6）μm，椭圆形至长椭圆形，光滑，淡棕色。

【生态分布】夏季散生于阔叶林中地上，阴条岭自然保护区内西安村一带有分布，采集编号500238MFYT0316。

【资源价值】不明。

【拉丁学名】*Psathyrella spadiceogrisea*（Schaeff.）Maire

【系统地位】担子菌门 > 伞菌纲 > 伞菌目 > 小脆柄菇科 > 小脆柄菇属

【形态特征】子实体小。菌盖直径 2 ~ 5 cm，初期半球形至凸镜形，后渐平展，边缘具半透明条纹，红棕色至灰棕色，水浸状。菌肉薄，污白色至淡棕色，味清淡。菌褶密，直生，初期灰白色，渐变为淡棕色。菌柄长 4 ~ 7 cm，直径 3 ~ 5 mm，圆柱形，上部污白色，向下渐变为浅棕色。孢子（7.4 ~ 9.5）μm×（4.2 ~ 5.5）μm，椭圆形至长椭圆形，光滑，橘棕色。

【生态分布】夏季散生于阔叶林中地上，阴条岭自然保护区内林口子一带有分布，采集编号500238MFYT0228。

【资源价值】不明。

钝小脆柄菇

灰褐小脆柄菇

【拉丁学名】*Psathyrella typhae*（Kalchbr.）A. Pearson & Dennis

【系统地位】担子菌门 > 伞菌纲 > 伞菌目 > 小脆柄菇科 > 小脆柄菇属

【形态特征】子实体小。菌盖直径 1.5 ~ 2.5 cm，幼时半球形至凸镜形，后渐平展，初具淡褐色纤毛，后渐光滑，水浸状，湿时深红棕色，干后淡棕色。菌肉薄，污白色至淡棕色。菌褶密，直生，白色至淡棕色，边缘齿状，具白色纤毛。菌柄长 2 ~ 4 cm，直径 2 ~ 3 mm，圆柱形，中生，上下等粗或基部略大，空心，上部白色，向下渐变为淡棕色至灰棕色，整个菌柄具白色纤毛。孢子（9 ~ 10）μm ×（4.5 ~ 5）μm，长椭圆形，光滑，淡黄色。

【生态分布】群生于针阔混交林中腐木上，阴条岭自然保护区内林口子至阴条岭一带有分布，采集编号 500238MFYT0100。

【资源价值】不明。

【拉丁学名】*Pseudoclitocybe cyathiformis*（Bull.）Singer

【系统地位】担子菌门 > 伞菌纲 > 伞菌目 > 口蘑科 > 假杯伞属

【形态特征】子实体中等。菌盖直径 3 ~ 5 cm，平展、杯状或浅漏斗形，光滑，灰色至灰褐色，水浸状，幼时边缘内卷，成熟后逐渐展开。菌肉薄，灰白色。菌褶延生，灰色或灰白色，较密，不等长。菌柄长 4 ~ 6 cm，直径 0.5 ~ 1 cm，圆柱形，灰白色，基部有白色绒毛。孢子（7.5 ~ 9.5）μm ×（4.5 ~ 6）μm，椭圆形，光滑，无色。

【生态分布】夏季散生于阔叶林或针阔混交林中地上或腐朽倒木上，阴条岭自然保护区内林口子至转坪一带有分布，采集编号 500238MFYT0066。

【资源价值】食药兼用。

香蒲小脆柄菇

假杯伞

【拉丁学名】*Pulveroboletus brunneoscabrosus* Har. Takah.

【系统地位】担子菌门 > 伞菌纲 > 牛肝菌目 > 牛肝菌科 > 粉末牛肝菌属

【形态特征】子实体小至中等。菌盖直径 2 ~ 5 cm，初期半球形，后平展，干，湿时稍黏，附有柠檬黄色、黄褐色至褐色的粉末状物质，常开裂形成不规则的鳞片状，初期有丝状菌幕存在，成熟后菌盖边缘有黄色菌幕残余悬挂。菌肉厚 3 ~ 5 mm，淡黄色，伤后变蓝色。菌管长 4 ~ 6 mm，近菌柄处下凹，初期青黄色，成熟后呈淡黄褐色，伤不变色或微变蓝色。孔口与菌管同色。菌柄长 6 ~ 10 cm，直径 1.5 ~ 2 cm，圆柱形向基部稍膨大，附有与菌盖同色的粉末状物质，基部菌丝体白色。孢子（7 ~ 10）μm×（4 ~ 5）μm，宽椭圆形，光滑，淡黄色。

【生态分布】单生或散生于林中地上，阴条岭自然保护区内阴条岭一带有分布，采集编号 500238MFYT0085。

【资源价值】不明。

【拉丁学名】*Pulveroboletus icterinus*（Pat. & C.F. Baker）Watling

【系统地位】担子菌门 > 伞菌纲 > 牛肝菌目 > 牛肝菌科 > 粉末牛肝菌属

【形态特征】子实体小。子实体初期陀螺形，有发达的粉末状外菌膜。菌盖直径 2 ~ 5.5 cm，扁半球形至凸镜形，覆有一层厚的硫黄色粉末，有时部分带灰硫黄色，可裂成块状，粉末脱离之后呈淡紫红色至红褐色。菌幕从盖缘延伸至菌柄，硫黄色，粉末状，破裂后残余物部分挂在菌盖边缘，部分附着在菌柄形成易脱落的粉末状菌环。菌肉黄白色，伤后变浅蓝色，无味道，有硫黄气味。菌管短延生或弯生，橙黄色、粉黄色至淡肉褐色，伤后变青绿色、蓝褐色或蓝绿色。孔口多角形。菌柄长 2 ~ 7.5 cm，直径 6 ~ 8 mm，中生至偏生，圆柱形，上粗下细，上覆有硫黄色粉末，伤后变灰蓝色至蓝色。菌环上位，硫黄色，易脱落。孢子（8 ~ 10）μm×（3.5 ~ 6）μm，椭圆形，光滑，浅黄色。

【生态分布】夏秋季单生于针阔混交林中地上，阴条岭自然保护区内阴条岭一带有分布，采集编号 500238MFYT0399。

【资源价值】不明。

褐糙粉末牛肝菌

黄疸粉末牛肝菌

【拉丁学名】*Retiboletus sinensis* N. K. Zeng & Zhu L. Yang

【系统地位】担子菌门 > 伞菌纲 > 牛肝菌目 > 牛肝菌科 > 牛肝菌属

【形态特征】子实体中等。菌盖直径 3 ~ 8 cm，近半球形、凸镜形至近平展，表面干燥，密被绒毛，橄榄棕色、黄棕色、灰棕色至棕色。菌管多角形，黄色至黄棕色，在菌柄处凹陷。菌柄长 4.7 ~ 11 cm，直径 0.7 ~ 2 cm，圆柱形，黄色至黄棕色，有明显网纹，基部有黄色菌丝体。孢子（8 ~ 10）μm ×（3.5 ~ 4）μm，近梭形至椭圆形，在氢氧化钾中呈橄榄棕色至黄棕色，光滑，厚壁。

【生态分布】夏秋季生于松林中地上，阴条岭自然保护区内干河坝至骡马店一带有分布，采集编号 500238MFYT0185。

【资源价值】不明。

【拉丁学名】*Russula alboareolata* Hongo

【系统地位】担子菌门 > 伞菌纲 > 红菇目 > 红菇科 > 红菇属

【形态特征】子实体中等。菌盖直径 4.5 ~ 8.5 cm，扁半球形、凸镜形但中央微凹，边缘幼时完整且内卷，成熟后边缘伸展，白色、粉白色至粉肉黄色，中部污白色甚至浅黄色，多带青色，湿时黏，常有不明显到稍明显的龟裂，有明显的条纹。菌肉白色至微粉红，伤不变色。菌褶较稀，贴生，白色至粉白色，等长，菌柄长 2.5 ~ 4.5 cm，直径 0.8 ~ 1.5 cm，近圆柱形，白色。担孢子（6 ~ 7.5）μm ×（6 ~ 7）μm，圆形至近圆形，具小疣和不完整弱网纹，近无色，淀粉质。

【生态分布】单生于针叶林、阔叶林或针阔混交林中地上，阴条岭自然保护区大官山一带有分布，采集编号 500238MFYT0274。

【资源价值】不明。

中国网柄牛肝菌

白纹红菇

伞菌类

【拉丁学名】*Russula azurea* Bres.

【系统地位】担子菌门 > 伞菌纲 > 红菇目 > 红菇科 > 红菇属

【形态特征】子实体中等。菌盖直径 2.5 ~ 6 cm，扁半球形，后展平，中部稍下凹，有粉或微细颗粒，边缘没有条纹，丁香紫色，或浅葡萄紫色，或紫褐色。菌肉白色，味道柔和或略不适口，无气味或生淀粉气味。菌褶白色，分叉，等长，直生或稍延生。菌柄白色，中部略膨大或向下渐细，长 2.5 ~ 6 cm，直径 0.5 ~ 1.2 cm，内部松软。孢子无色，近梭形，有小疣，（7.3 ~ 9.1）μm ×（6.3 ~ 7.3）μm。褶侧囊体近梭形至棒状，（45 ~ 60）μm ×（6.4 ~ 9.1）μm。

【生态分布】夏秋季生于阔叶林中地上，阴条岭自然保护区阴条岭一带有分布，采集编号 500238MFYT0311。

【资源价值】可食用。

【拉丁学名】*Russula castanopsidis* Hongo

【系统地位】担子菌门 > 伞菌纲 > 红菇目 > 红菇科 > 红菇属

【形态特征】子实体中等。菌盖直径 3.5 ~ 6 cm，扁半球形至稍扁平，浅灰黄褐色至浅土黄褐色，黏，表皮裂成小斑纹，边缘色浅或有短条纹或开裂。菌肉白色。菌褶白色，近直生，密。菌柄长 4 ~ 6.5 cm，直径 0.6 ~ 0.8 cm，白色，内部松软，基部稍变细。孢子表面有凸刺，近球形，（7.5 ~ 9.5）μm ×（5.5 ~ 7.5）μm。褶缘囊状体梭形或纺锤形，（56 ~ 75）μm ×（10.5 ~ 19）μm。

【生态分布】夏秋季生于阔叶林或针阔混交林中地上，阴条岭自然保护区骡马店一带有分布，采集编号 500238MFYT0388。

【资源价值】不明。

天蓝红菇

栲裂皮红菇

【拉丁学名】*Russula compacta* Frost

【系统地位】担子菌门 > 伞菌纲 > 红菇目 > 红菇科 > 红菇属

【形态特征】子实体中等至较大。菌盖直径 6 ~ 10 cm，扁球形，边缘伸展后中部下凹呈浅漏斗状，浅污土黄色，表面湿时黏。菌肉白色，伤处变红褐色，厚而硬，气味不宜人。菌褶污白，伤处变色，近离生，密。菌柄长 3 ~ 6 cm，直径 1 ~ 2 cm，柱形，污白有纵条纹及花纹，内部松软至变空心。孢子有细网纹，近球形，（8 ~ 9.5）μm ×（7.5 ~ 8）μm，有褶缘囊状体。

【生态分布】夏秋季生于林中地上，阴条岭自然保护区阴条岭、骡马店一带有分布，采集编号 500238MFYT0371。

【资源价值】不明。

【拉丁学名】*Russula cyanoxantha*（Schaeff.）Fr.

【系统地位】担子菌门 > 伞菌纲 > 红菇目 > 红菇科 > 红菇属

【形态特征】子实体中等至较大。菌盖直径 5 ~ 14 cm，初期扁半球形至凸镜形，后期渐平展，中部下凹至漏斗形，边缘波状内卷；颜色多样，暗紫罗兰色至暗橄榄绿色，后期常呈淡青褐色、绿灰色，往往各色混杂，湿时或雨后稍黏，表皮层薄；边缘易剥离无条纹，或老熟后有不明显条纹。菌肉白色，在近表皮处呈粉色或淡紫色，气味温和。菌褶直生至稍延生，白色较密，不等长，褶间有横脉。菌柄长 5 ~ 10 cm，直径 1.5 ~ 3 cm，肉质，白色，有时下部呈粉色或淡紫色，上下等粗，内部松软。担孢子（7 ~ 8.5）μm ×（6.5 ~ 7.5）μm，宽圆形至近球形，表面具分散小疣，少数疣间相连，无色，淀粉质。

【生态分布】夏秋季散生至群生于阔叶林中地上，阴条岭自然保护区林口子至转坪一带有分布，采集编号 500238MFYT0041。

【资源价值】不明。

致密红菇

蓝黄红菇

【拉丁学名】*Russula delica* Fr.

【系统地位】担子菌门 > 伞菌纲 > 红菇目 > 红菇科 > 红菇属

【形态特征】子实体中等至较大。菌盖直径 3 ~ 16 cm，初期凸镜形或扁半球形，中部脐状，后期渐平展，中部下凹至漏斗形，污白色常具赭色或褐色色调，有时具锈褐色斑点；光滑或具细绒毛，不黏；边缘初期内卷，无条纹。菌肉厚，白色或近白色，伤不变色，味道温和至微麻或稍辛辣，有水果气味。菌褶延生，白色或近白色，稍密，不等长，边缘常具淡绿色。菌柄长 2 ~ 6 cm，直径 1.5 ~ 4 cm，短粗实心，上下等粗或向下渐细，伤不变色，光滑或上部具纤毛状物。担孢子（7.6 ~ 9.5）μm ×（7 ~ 8.5）μm，卵圆形至近球形，无色，表面具小刺或小疣突，稍有网纹，近无色，淀粉质。

【生态分布】夏秋季单生、散生或群生于针叶林或针阔混交林中地上，阴条岭自然保护区内广泛分布，采集编号 500238MFYT0059。

【资源价值】可食用。

【拉丁学名】*Russula decolorans*（Fr.）Fr.

【系统地位】担子菌门 > 伞菌纲 > 红菇目 > 红菇科 > 红菇属

【形态特征】子实体中等至较大。菌盖直径 4.5 ~ 12 cm，初期半球形，后平展，中部下凹，浅红色、橙红色或橙褐色，部分可退至深蛋壳色或蛋壳色，有时色淡为土黄色或肉桂色，黏，边缘薄，平滑，老后有短条纹。菌肉白色，老后或伤后变灰色、灰黑色，特别是菌柄的菌肉老后杂有黑色点，味道柔和，气味不明显。菌褶初白色，后乳黄色至浅黄赭色，菌柄处有分叉，具横脉。菌柄长 4.5 ~ 10 cm，直径 1 ~ 2.5 cm，常呈圆柱形，或向上细而基部近棒状，白色，后浅灰色，内实，后松软。孢子近无色，有小刺，圆形或倒卵圆形，（9.1 ~ 11.8）μm ×（7.4 ~ 9.6）μm。褶缘囊状体梭形。

【生态分布】夏秋季单生、散生或群生于针叶林或针阔混交林中地上，阴条岭自然保护区内阴条岭一带有分布，采集编号 500238MFYT0097。

【资源价值】可食用。

美味红菇

褐色红菇

【拉丁学名】*Russula densifolia* Secr. ex Gillet

【系统地位】担子菌门 > 伞菌纲 > 红菇目 > 红菇科 > 红菇属

【形态特征】子实体中等至较大。菌盖直径 5.5 ~ 10 cm，初期内卷，中部下凹呈脐形，后期外翻呈漏斗形，光滑，污白色、灰色至暗褐色。菌肉较厚，白色，伤后变红色至黑褐色。菌褶直生或延生，分叉，不等长，窄，很密，近白色，伤后变红褐色，老后黑褐色。菌柄长 2 ~ 4 cm，直径 1.6 ~ 2 cm，白色，伤后初期变红色，后变为黑褐色，实心。担孢子（7 ~ 9.5）μm ×（5.5 ~ 7）μm，卵形，有疣与线组成的网纹，近无色，淀粉质。

【生态分布】夏秋季单生、散生或群生于针叶林或针阔混交林中地上，阴条岭自然保护区内转坪及红旗管护站一带有分布，采集编号 500238MFYT0173。

【资源价值】有毒。

【拉丁学名】*Russula emetica*（Schaeff.）Pers.

【系统地位】担子菌门 > 伞菌纲 > 红菇目 > 红菇科 > 红菇属

【形态特征】子实体中等。菌盖直径 5 ~ 9 cm，初期呈扁半球形，后期变平展，老时下凹，黏，光滑，浅粉色至珊瑚红色，边缘色较淡，有棱纹，表皮易剥离。菌肉薄，白色，近表皮处红色，味苦。菌褶等长，纯白色，较稀，弯生，褶间有横脉。菌柄长 4 ~ 7.5 cm，直径 1 ~ 2.2 cm，圆柱形，白色或粉红色，内部松软。担孢子（8 ~ 10.5）μm ×（7.5 ~ 9.5）μm，近球形，有小刺，无色，淀粉质。

【生态分布】夏秋季单生或散生于阔叶林中地上，阴条岭自然保护区内广泛分布，采集编号 500238MFYT0120。

【资源价值】有毒。

密褶红菇

毒红菇

245 臭红菇（臭黄菇）

【拉丁学名】*Russula foetens* Pers.

【系统地位】担子菌门 > 伞菌纲 > 红菇目 > 红菇科 > 红菇属

【形态特征】子实体中等。菌盖直径 5 ~ 10 cm，初期扁半球形，后期渐平展，中部稍凹陷，浅黄色或污赭色至浅黄褐色，中部土褐色，表面光滑，黏，边缘具有由小疣组成的明显粗条纹。菌肉薄，污白色，近表皮处呈浅黄色，质脆，具腥臭气味；口感辛辣且具苦味。菌褶弯生，稠密，褶幅宽，初期污白色，后期渐变浅黄色，常具暗色斑痕，一般等长，较厚，基部具分叉。菌柄长 4 ~ 10 cm，直径 1.5 ~ 3 cm，较粗壮，上下等粗或向下稍渐细，污白色至污褐色，老熟或伤后常出现深色斑痕，内部松软渐变空心。担孢子（7.5 ~ 10）μm ×（7 ~ 9.5）μm，球形至近球形，有明显小刺或疣突至棱纹，无色，淀粉质。

【生态分布】夏秋季群生或散生于针叶林或阔叶林中地上，阴条岭自然保护区内广泛分布，采集编号 500238MFYT0265。

【资源价值】有毒。

246 胡克红菇

【拉丁学名】*Russula hookeri* Paloi，A.K. Dutta & K. Acharya

【系统地位】担子菌门 > 伞菌纲 > 红菇目 > 红菇科 > 红菇属

【形态特征】子实体小至中型。菌盖直径 2 ~ 3.5 cm，初期扁半球形，后期渐平展，中部稍凹陷，暗红色至暗玫瑰色，有时中部棕红色。菌肉薄，白色。菌褶白色。菌柄白色略带菌盖颜色，长 3 ~ 9 cm，直径 0.8 ~ 1 cm，上下近等粗。担孢子（5.4 ~ 7.2）μm ×（4.5 ~ 6.4）μm，近球形到宽椭圆形，无色，淀粉质。

【生态分布】夏秋季生于林中地上，阴条岭自然保护区内大官山一带有分布，采集编号 500238MFYT0270。

【资源价值】不明。

臭红菇

胡克红菇

247 乳白红菇（白菇）

【拉丁学名】*Russula luteotacta* Fr.

【系统地位】担子菌门 > 伞菌纲 > 红菇目 > 红菇科 > 红菇属

【形态特征】子实体中等。菌盖直径 5 ~ 9 cm，扁半球形，伸展后下凹，白色，中部略带淡黄色，不黏，无毛，边缘平滑。菌肉白色，味道柔和，无气味。菌褶白色，近直生或离生，稍稀，宽而厚，有分叉和少量小菌褶。菌柄长 4 ~ 6 cm，直径 1.5 ~ 2 cm，圆柱状，白色，内部松软。孢子无色，有小刺，近球形，（7.3 ~ 8.1）μm×（6.1 ~ 6.8）μm。无褶缘囊状体。

【生态分布】夏秋季单生于林中地上，阴条岭自然保护区红旗管护站至干河坝一带有分布，采集编号 500238MFYT0290。

【资源价值】不明。

248 红黄红菇

【拉丁学名】*Russula luteotacta* Rea

【系统地位】担子菌门 > 伞菌纲 > 红菇目 > 红菇科 > 红菇属

【形态特征】子实体一般中等。菌盖直径 3 ~ 8 cm，扁平至近平展，中部稍下凹，红色或粉红色，部分区域退色为白黄色，平滑，边缘条纹不明显。菌肉白色。菌褶浅乳黄色，延生，密。菌柄长 3 ~ 8 cm，直径 0.5 ~ 1.5 cm，白色或粉红色，柱形或向基部变细，内部松软。孢子有疣或连线，近球形，（6 ~ 7）μm×（8 ~ 9）μm。

【生态分布】夏秋季散生至群生于林中地上，阴条岭自然保护区阴条岭一带有分布，采集编号 500238MFYT0369。

【资源价值】记载有毒。

乳白红菇

红黄红菇

249　亚黑红菇（亚稀褶红菇　亚稀褶黑菇）

【拉丁学名】*Russula nigricans* Hongo

【系统地位】担子菌门 > 伞菌纲 > 红菇目 > 红菇科 > 红菇属

【形态特征】子实体中等。菌盖直径 5～12 cm，初扁半球形，后近平展至中部下凹呈浅漏斗形，浅灰色、灰褐色至灰黑褐色，有时边缘色浅，表面干燥，有微细绒毛，无条纹。菌肉白色，伤后变红色。菌褶直生或近延生，近白色至浅黄白色，伤后变红色，稍稀疏，不等长，厚而脆，不分叉，往往有横脉。菌柄长 3～6 cm，直径 1～3 cm，圆柱形，灰色，较菌盖色浅。担孢子（6.5～9）μm ×（6～8）μm，近球形，有疣和网纹，无色，淀粉质。

【生态分布】夏秋季散生或群生于阔叶林及针阔混交林中地上，阴条岭自然保护区阴条岭一带有分布，采集编号 500238MFYT0146。

【资源价值】有剧毒。

250　变绿红菇（绿菇　青头菌）

【拉丁学名】*Russula virescens*（Schaeff.）Fr.

【系统地位】担子菌门 > 伞菌纲 > 红菇目 > 红菇科 > 红菇属

【形态特征】子实体中等。菌盖直径 5～12 cm，初期近球形至凸镜形，后期渐伸展，中部常稍下凹；不黏，或湿时稍黏；浅绿色、铜绿色或灰橄榄黄绿色至灰绿色；具有锈褐色斑点，表面具有细毛状物或疣突，表皮常斑状龟裂，老熟时边缘具条纹，表皮不易剥离。菌肉厚，质地坚实，初期脆，后期变软，白色，伤不变色，或伤后变为黄锈色，味道柔和，气味不明显。菌褶离生至直生，初期白色，后期奶油色，老熟后边缘呈褐色，密，等长，具横脉。菌柄长 4～10 cm，直径 1～4 cm，上下等粗，白色，实心或内部松软。担孢子（7～9）μm ×（6～7.5）μm，近球形至卵圆形或近卵圆形，表面具小疣，相连可形成不完整的网纹，无色，淀粉质。

【生态分布】夏秋季群生于阔叶林或针阔混交林中地上，阴条岭自然保护区大官山一带有分布，采集编号 500238MFYT0281。

【资源价值】知名野生食用菌。

亚黑红菇

变绿红菇

伞菌类

【拉丁学名】*Schizophyllum commune* Fr.

【系统地位】担子菌门 > 伞菌纲 > 伞菌目 > 裂褶菌科 > 裂褶菌属

【形态特征】子实体小。菌盖直径 5 ~ 20 mm，扇形，灰白色至黄棕色，被绒毛或粗毛；边缘内卷，常呈瓣状，有条纹。菌肉厚约 1 mm，白色，韧，无味。菌褶白色至棕黄色，不等长，褶缘中部纵裂成深沟纹。菌柄常无。孢子（5 ~ 7）μm×（2 ~ 3.5）μm，椭圆形或腊肠形，光滑，无色，非淀粉质。

【生态分布】散生至群生，常叠生于腐木或腐竹上，阴条岭自然保护区内广泛分布，采集编号 500238MFYT0026。

【资源价值】幼嫩时可食用；可药用；可栽培。

【拉丁学名】*Squamanita sororcula* J.W. Liu & Zhu L. Yang

【系统地位】担子菌门 > 伞菌纲 > 伞菌目 > 口蘑科 > 菌瘿伞属

【形态特征】子实体中等。菌盖直径 4.5 cm，初期球形，后半球形至平展，中央突起，浅黄色，被纤毛状鳞片，湿润时黏滑。菌肉白色至污白色。菌柄长 5 cm，直径 1 ~ 1.9 cm，近圆柱形，向下渐粗，污白色，被黄褐色纤毛状鳞片，基部球状膨大。孢子（5.5 ~ 9）μm×（3.5 ~ 5.5）μm，椭圆形至宽椭圆形，光滑，无色。

【生态分布】夏季生于林中地上，阴条岭自然保护区内较为少见，仅见在千字筏一带有分布，采集编号 500238MFYT0303。

【资源价值】不明。

裂褶菌

索罗库拉菌瘿伞

【**拉丁学名**】*Strobilomyces seminudus* Hongo

【**系统地位**】担子菌门 > 伞菌纲 > 牛肝菌目 > 牛肝菌科 > 松塔牛肝菌属

【**形态特征**】子实体中等。菌盖直径 7 ~ 9 cm，初半球形，后扁半球形至近平展，污白色至淡灰色，被黑灰色至近黑色绒状近平伏的鳞片，伤后变黑褐色，常龟裂，露出白色菌肉，初期边缘悬垂有近黑色的菌幕残余。菌肉白色至污白色或淡灰色，伤后变红褐色至淡橘红色，之后渐变为黑灰色。菌管近柄处下凹，褐灰色，伤后变褐色，很快再变为近黑色。孔口每毫米 1 ~ 2 个，多角形，近白色、灰白色至灰黑色。菌柄长 4 ~ 10 cm，直径 0.6 ~ 1.3 cm，圆柱形，上部密被淡灰色至灰白色绒毛，下部被近黑色绒状鳞片，顶部网纹较明显。孢子（8 ~ 10）μm ×（7 ~ 9）μm，近球形，有不完整网纹及疣突，褐色至深褐色。

【**生态分布**】夏秋季生于壳斗科植物组成的亚热带常绿阔叶林中地上，阴条岭自然保护区内转坪至阴条岭一带和干河坝至骡马店一带有分布，采集编号 500238MFYT0192。

【**资源价值**】不明。

【**拉丁学名**】*Strobilomyces strobilaceus*（Scop.）Berk.

【**系统地位**】担子菌门 > 伞菌纲 > 牛肝菌目 > 牛肝菌科 > 松塔牛肝菌属

【**形态特征**】子实体中等。菌盖直径 2 ~ 15 cm，初期半球形，后渐平展，黑褐色至黑色或紫褐色，有粗糙的毡毛状鳞片或疣，直立，菌幕脱落常残留在菌盖边缘。菌管长 10 ~ 15 mm，直生或稍延生，污白色或灰色，后渐变褐色或淡黑色。孔口直径 1 ~ 1.2 mm，多角形，与菌管同色。菌柄长 4.5 ~ 13.5 cm，直径 0.6 ~ 2 cm，圆柱形，与菌盖同色，顶端有网棱，下部有鳞片和绒毛。孢子（8 ~ 15）μm ×（7.8 ~ 12）μm，近球形或略呈椭圆形，有网纹或棱纹，淡褐色至暗褐色。

【**生态分布**】夏秋季单生或群生于阔叶林或针阔混交林中地上，阴条岭自然保护区内阴条岭一带有分布，采集编号 500238MFYT0091。

【**资源价值**】食药兼用。

半裸松塔牛肝菌

松塔牛肝菌

【拉丁学名】*Strobilurus orientalis* Zhu L. Yang & J. Qin

【系统地位】担子菌门 > 伞菌纲 > 伞菌目 > 泡头菌科 > 松果菇属

【形态特征】子实体小。菌盖直径1～3 cm，钟状至圆锥形，幼时深灰色，边缘发白，凸起或扁平，成熟时有时凹陷，呈灰至灰褐色，边缘白色，有细条纹。菌褶呈波状，贴生，白色，密集。菌柄长2～7 cm，直径1～3 mm，近圆柱形，赭黄色，褐色至黄褐色，顶端白色，近无毛，基部有白色假根，长达4 cm。孢子椭圆形至细长，透明，薄壁，光滑，非淀粉质，（3.5～5）μm×（2～3）μm。

【生态分布】秋季生于华山松干球果上，阴条岭自然保护区内阴条岭和干河坝至骡马店一带有分布，采集编号500238MFYT0318。

【资源价值】不明。

【拉丁学名】*Suillus americanus*（Peck）Snell

【系统地位】担子菌门 > 伞菌纲 > 牛肝菌目 > 乳牛肝菌科 > 乳牛肝菌属

【形态特征】子实体中等。菌盖直径2～6 cm，扁半球形，污黄色至奶油黄色，中央有时有不明显的突起，近边缘常被粉红色或红褐色毡状鳞片，菌盖边缘常有菌幕残余，但后期消失。菌肉淡黄色至米色，伤不变色。菌管黄色，成熟后污黄色至金黄色，伤后缓慢变淡褐色。孔口辐射状排列，与菌管同色。菌柄长4～7 cm，直径0.3～1 cm，圆柱形，淡黄色至米色，被红褐色至褐色点状鳞片，基部有白色至粉红色菌丝体。菌环上位，污白色至黄色，易消失。孢子（8～10）μm×（3.5～4）μm，近梭形，光滑，近无色至浅黄色。

【生态分布】夏秋季生于华山松林中地上，阴条岭自然保护区内大官山一带有分布，采集编号500238MFYT0291。

【资源价值】记载可食用。

东方松果菇

美洲乳牛肝菌

【拉丁学名】*Suillus grevillei*（Klotzsch）Singer

【系统地位】担子菌门 > 伞菌纲 > 牛肝菌目 > 乳牛肝菌科 > 乳牛肝菌属

【形态特征】子实体中等。菌盖直径 2 ~ 8 cm，初期扁半球形，后中央突起，新鲜时橘黄色至红褐色，黏，干后深褐色，有时边缘有菌幕残片附着。菌肉新鲜时淡黄色，干后深褐色。菌管直生或近延生，初期色淡，新鲜时橘黄色，干后变淡灰黄色、淡褐黄色或深褐色。孔口直径 1 ~ 3 mm，与菌管同色。菌柄长 4 ~ 8.5 cm，直径 0.5 ~ 1.5 cm，圆柱形，黄色、淡褐色至与菌盖同色，顶端有网纹，基部颜色较浅。菌环上位，厚，白黄色，易脱落。孢子（7.5 ~ 10）μm ×（3 ~ 4）μm，长椭圆形或近纺锤形，光滑，带橄榄黄色。

【生态分布】秋季生于落叶松等林中地上，阴条岭自然保护区内林口子至转坪一带有分布，采集编号 500238MFYT0053。

【资源价值】食药兼用。

【拉丁学名】*Suillus placidus*（Bonord.）Singer

【系统地位】担子菌门 > 伞菌纲 > 牛肝菌目 > 乳牛肝菌科 > 乳牛肝菌属

【形态特征】子实体中等。菌盖直径 6 ~ 10 cm，扁半球形，后近平展，湿时黏滑，干后有光泽，初期黄白色至鹅毛黄色，成熟后变污黄褐色。菌肉白色至黄白色，伤不变色。菌管直生至延生。孔口黄色至污黄色，多角形，每毫米 1 ~ 2 个。菌柄长 3 ~ 5 cm，直径 0.7 ~ 1.4 cm，近圆柱形，内部实心，散布乳白色至淡黄色小腺点，后变暗褐色小点。孢子（7.5 ~ 11）μm ×（3.5 ~ 4.8）μm，长椭圆形，光滑。

【生态分布】夏秋季群生于松树林和针阔混交林中地上，阴条岭自然保护区内阴条岭一带有分布，采集编号 500238MFYT0395。

【资源价值】不明，可能有毒，慎食。

伞菌类

厚环乳牛肝菌

琥珀乳牛肝菌

【拉丁学名】*Suillus phylopictus* Rui Zhang，X.F. Shi，P.G. Liu & G.M. Muell.

【系统地位】担子菌门 > 伞菌纲 > 牛肝菌目 > 乳牛肝菌科 > 乳牛肝菌属

【形态特征】子实体一般较小，有时中等。菌盖直径 4.5 ~ 9.5 cm，半球形至扁半球形，暗红色或带紫红色，可退至褐红色，密被纤毛及绒毛状鳞片，湿时黏。菌肉伤处变色。菌管面黄色，管状放射状复孔。菌柄长 3.5 ~ 7 cm，直径 0.8 ~ 1.1 cm，圆柱形，稍弯曲，被红色纤毛至绒毛状鳞片，伤处变青。孢子长椭圆形，（8 ~ 12）μm ×（3 ~ 5）μm。

【生态分布】夏秋季生于松林地上，阴条岭自然保护区内大官山和干河坝至骡马店一带有分布，采集编号 500238MFYT0259。

【资源价值】不明。

【拉丁学名】*Suillus viscidus*（L.）Roussel

【系统地位】担子菌门 > 伞菌纲 > 牛肝菌目 > 乳牛肝菌科 > 乳牛肝菌属

【形态特征】子实体中等。菌盖直径 3.7 ~ 8.8 cm，半球形至平展，中央突起，污白色至灰绿色，稍黏，具褐色易脱落块状鳞片，边缘稍内卷。菌肉乳白色，较厚，伤后近柄处微变绿色。菌管延生，初期白色至灰白色，成熟后变褐色。孔口直径 1 ~ 2 mm，多角形，放射状排列，不易与菌肉分离，与菌管同色，伤后略变青绿色。菌柄长 5.3 ~ 7.4 cm，直径 1.1 ~ 1.8 cm，圆柱形，基部稍膨大，粗糙，形成网纹，灰色至污褐色，实心，内部菌肉切开后微变绿色。菌环上位，膜质，有时略带红色，易消失。孢子（11 ~ 14）μm ×（4.5 ~ 6）μm，长椭圆形，光滑，薄壁，近无色至淡黄色。

【生态分布】夏秋季单生或群生于针阔混交林中地上，阴条岭自然保护区内林口子至转坪一带有分布，采集编号 500238MFYT0049。

【资源价值】食药兼用。

虎皮乳牛肝菌

灰乳牛肝菌

【拉丁学名】*Sutorius eximius*（Peck）Halling，Nuhn & Osmundson

【系统地位】担子菌门 > 伞菌纲 > 牛肝菌目 > 牛肝菌科 > 紫盖牛肝菌属

【形态特征】子实体中等。菌盖直径 5 ~ 12 cm，扁半球形，暗紫色、铅紫色至紫罗兰褐色，不黏或湿时稍黏。菌肉灰白色，伤后变紫灰色。菌管淡紫色至淡肉色。孔口成熟后淡紫色至粉褐色。菌柄长 5 ~ 15 cm，直径 1 ~ 3 cm，圆柱形，紫灰色至灰色，密被紫色至紫褐色细小鳞片。孢子（11 ~ 14）μm ×（3.5 ~ 4.5）μm，长椭圆形至近梭形，光滑，近无色至淡黄色。

【生态分布】夏季生于针叶林、阔叶林或针阔混交林中地上，阴条岭自然保护区内红旗管护站一带有分布，采集编号 500238MFYT0256。

【资源价值】记载有毒。

【拉丁学名】*Tapinella atrotomentosa*（Batsch）Šutara

【系统地位】担子菌门 > 伞菌纲 > 牛肝菌目 > 小塔氏菌科 > 小塔氏菌属

【形态特征】子实体中等至较大。菌盖直径 4 ~ 14 cm，初扁半球形，后变宽阔平坦或中央浅凹，老时阔扇形干燥，被浓密绒毛，幼时呈黄棕色或红棕色，老时变成深棕色。菌褶下延，密，幼时白色，老时浅棕褐色或淡黄色。菌柄长 4 ~ 10 cm，直径 2 ~ 5 cm，近等粗，或中间稍肿胀，偶尔偏生，干燥，顶端呈白色，下面被棕色至黑棕色的绒毛。孢子椭圆形，光滑，拟糊精质，（4 ~ 6）μm ×（3 ~ 4）μm。

【生态分布】夏秋季生于针叶林树桩上或地上，阴条岭自然保护区内林口子至阴条岭一带有分布，采集编号 500238MFYT0115。

【资源价值】不明。

超群紫盖牛肝菌

黑毛小塔氏菌

【拉丁学名】*Tricholoma caligatum*（Viv.）Ricken

【系统地位】担子菌门 > 伞菌纲 > 伞菌目 > 口蘑科 > 口蘑属

【形态特征】子实体中等至较大。菌盖直径 5 ~ 12.5 cm，扁半球形，老后向上伸展，棕褐色，表面干燥，有纤毛状丛毛鳞片。菌肉白色，较厚，气味香。菌褶白色且后期带浅黄褐色，直生至弯生，密，稍宽。菌柄长 5 ~ 10 cm。直径 2 ~ 3 cm，圆柱形，下部稍弯曲，菌环以上白色且有白色小鳞片，环以下有棕褐色似环带状排列的鳞片，内实。菌环表面白色、膜质。孢子无色，光滑，宽椭圆形，（6 ~ 7.5）μm ×（4.5 ~ 5.5）μm。

【生态分布】夏秋季生于栎或针叶林沙质土地上，阴条岭自然保护区内红旗管护站一带有分布，采集编号 500238MFYT0186。

【资源价值】可食用。

【拉丁学名】*Tricholoma lascivum*（Fr.）Gillet

【系统地位】担子菌门 > 伞菌纲 > 伞菌目 > 口蘑科 > 口蘑属

【形态特征】子实体中等。菌盖直径 4 ~ 9 cm，扁半球形至近平展，浅赭黄色，浅褐色，边缘渐呈污白色，或较中部色淡，表面光滑，干，边缘向内卷。菌肉白色，稍厚，具香气味。菌褶近白色或稍暗，直生至弯生，密，不等长。菌柄长 7.5 ~ 11 cm，直径 1 ~ 1.5 cm，近圆柱形，向下渐膨大，污白色至浅褐色，顶部白色具粉末，有纤毛。孢子无色，光滑，椭圆形，（6 ~ 7.5）μm ×（3.5 ~ 5.5）μm。

【生态分布】夏秋季生于阔叶林中地上，阴条岭自然保护区内阴条岭一带有分布，采集编号 500238MFYT0087。

【资源价值】记载可食用，但也怀疑有毒。

伞菌类

欧洲松口蘑

草黄口蘑

伞菌类

【拉丁学名】*Tricholoma saponaceum*（Fr.）P. Kumm.

【系统地位】担子菌门 > 伞菌纲 > 伞菌目 > 口蘑科 > 口蘑属

【形态特征】子实体小。菌盖直径 6 ~ 10 cm，扁半球形至平展，中央稍突起，暗灰褐色，其余部分橄榄色，至边缘变为黄色至污白色，不黏。菌褶弯生，米色，较稀。菌柄长 10 ~ 16 cm，直径 1 ~ 2 cm，向下变细，白色，有白色至灰色鳞毛，基部带有粉红色斑点。菌盖菌肉白色，菌柄菌肉淡黄色，肥皂味。孢子（4 ~ 5）μm×（3 ~ 3.5）μm，椭圆形，光滑，无色，非淀粉质。

【生态分布】夏季生于阔叶林或针阔混交林中地上，阴条岭自然保护区内阴条岭一带有分布，采集编号 500238MFYT0124。

【资源价值】不明。

【拉丁学名】*Tricholoma sulphureum*（Bull.）P. Kumm.

【系统地位】担子菌门 > 伞菌纲 > 伞菌目 > 口蘑科 > 口蘑属

【形态特征】子实体中等。菌盖直径 4 ~ 7 cm，扁半球形至平展，中央稍突起，狐褐色并带典型的硫黄色，不黏。菌肉淡黄色，煤气味浓。菌褶弯生，黄色，较密。菌柄长 8 ~ 10 cm，直径 0.6 ~ 1 cm，黄色，下半部带有绿色色调。孢子（8.5 ~ 10）μm×（5 ~ 6）μm，椭圆形至近杏仁形，光滑，无色，非淀粉质。

【生态分布】夏季生于针阔混交林中地上，阴条岭自然保护区内林口子至阴条岭一带有分布，采集编号 500238MFYT0084。

【资源价值】有毒。

皂腻口蘑

硫色口蘑

【拉丁学名】*Tricholomopsis crocobapha*（Berk. & Broome）Pegler

【系统地位】担子菌门 > 伞菌纲 > 伞菌目 > 口蘑科 > 拟口蘑属

【形态特征】子实体小至较小。菌盖直径 2 ~ 8 cm，扁半球形，平展后中部凸起，表面红褐色至硫黄色或带红色，被近似辐射小鳞片。菌肉白黄色，稍厚。菌褶黄色，近直生，较密，不等长。菌柄长 2 ~ 10 cm，直径 0.3 ~ 1 cm，圆柱形，浅黄色或带红色，有小鳞片。孢子无色，近球形至宽卵圆形，（5.5 ~ 6.5）μm×（4.5 ~ 6.3）μm。

【生态分布】夏秋季生于腐朽树桩上，阴条岭自然保护区内大官山一带有分布，采集编号 500238MFYT0267。

【资源价值】有毒。

【拉丁学名】*Tricholomopsis decora*（Fr.）Singer

【系统地位】担子菌门 > 伞菌纲 > 伞菌目 > 口蘑科 > 拟口蘑属

【形态特征】子实体黄色。菌盖直径 2.5 ~ 6 cm 或稍大，初期半球形，后扁平，黄色，密布褐色小鳞片，中部黑褐色且下凹，边缘内卷。菌肉黄色、薄。菌褶黄色，直生又延生变至近离生，密，不等长，褶缘絮状。菌柄长 2 ~ 6.5 cm，直径 0.3 ~ 0.7 cm，污黄色至带褐黄色，具细小鳞片。孢子印白色。孢子无色，光滑，宽椭圆形至卵圆形，（5.5 ~ 7）μm×（4 ~ 5.4）μm。

【生态分布】夏秋季群生、丛生或单生于腐木上，阴条岭自然保护区内林口子至转坪一带有分布，采集编号 500238MFYT0056。

【资源价值】可食用。

淡红拟口蘑

黄拟口蘑

【拉丁学名】*Tricholomopsis rutilans*（Schaeff.）Singer

【系统地位】担子菌门 > 伞菌纲 > 伞菌目 > 口蘑科 > 拟口蘑属

【形态特征】子实体中等。菌盖直径 2 ~ 7 cm，初期凸镜形，边缘内卷，后期渐平展，中部下陷，边缘有时波状，黄色，表面密布浅褐色至灰褐色小鳞片，中部颜色较深。菌肉浅黄色至黄色，薄。菌褶直生至延生，黄色，密，不等长。菌柄长 2 ~ 8 cm，直径 5 ~ 8 mm，近等粗，浅黄色。孢子（5.5 ~ 7.5）μm ×（4 ~ 5.5）μm。

【生态分布】夏秋季单生、散生或群生于针叶树腐木上，阴条岭自然保护区内阴条岭一带和干河坝至骡马店一带有分布，采集编号 500238MFYT0137。

【资源价值】有毒。

【拉丁学名】*Tricholyophyllum brunneum* Qing Cai，G. Kost & Zhu L. Yang

【系统地位】担子菌门 > 伞菌纲 > 伞菌目 > 离褶伞科 > 毛离褶伞属

【形态特征】子实体小到中型。菌盖直径 2.5 ~ 3.5 cm。平凸到扁平；表面污白色，黏稠，密被微小、棕色至深棕色绒毛至鳞片；边缘内弯，淡黄至黄色，具淡黄色鳞片。菌褶呈波状，白色至奶油色。菌柄中生，长 2 ~ 3 cm，直径 4 ~ 6 mm，等粗或向上稍渐狭，污白色，实心；表面被棕红色至棕褐色的细小鳞片，有淡黄色水状小滴；基部有白色菌丝体；上部变细，白色。孢子杆状，有时近牛肝状，透明，光滑，淀粉质，（6.5 ~ 8.5）μm ×（2 ~ 3）μm。

【生态分布】夏季生于以壳斗科植物为主的林中地上，阴条岭自然保护区内林口子一带有分布，采集编号 500238MFYT0305。

【资源价值】可食用。

赭红拟口蘑

毛离褶伞

【拉丁学名】*Tylopilus plumbeoviolaceoides* T. H. Li，B. Song & Y. H. Shen

【系统地位】担子菌门 > 伞菌纲 > 牛肝菌目 > 牛肝菌科 > 粉孢牛肝菌属

【形态特征】子实体中等。菌盖直径 3 ~ 10 cm，半球形至平展，深灰紫色、暗紫褐色或紫色带棕色至栗褐色，颜色变化较大，易随生长环境及成熟程度变化，湿时黏，光滑至稍带微绒毛。菌肉近柄处厚 3 ~ 8 mm，白色至近白色，伤后变粉红色至淡紫红色，味道极苦。菌管长 6 ~ 12 mm，初时灰白色至粉白色，渐变粉至浅紫褐色，伤不变色或稍变粉褐色，近柄处下凹，离生至微弯生或延生。孔口每毫米 1 个，多角形。菌柄长 4 ~ 9 cm，直径 0.5 ~ 1.2 cm，圆柱形，与菌盖同色至略浅色或带灰紫红色，光滑或顶部稍带纵条纹或细网纹，基部有白色菌丝体。孢子（8.5 ~ 10.5）μm ×（3 ~ 4）μm，长椭圆形至近梭形，光滑，近无色至淡粉棕色。

【生态分布】春季散生至群生于壳斗科树林中地上，阴条岭自然保护区内阴条岭一带有分布，采集编号 500238MFYT0140。

【资源价值】有毒。

【拉丁学名】*Baorangia pseudocalopus* （Hongo）G. Wu & Zhu L. Yang

【系统地位】担子菌门 > 伞菌纲 > 牛肝菌目 > 牛肝菌科 > 薄瓤牛肝菌属

【形态特征】菌盖中等至大型，直径 5 ~ 14 cm，密被灰红色、灰褐色至红灰色的绒状鳞片，边缘稍内卷。菌肉淡黄色，受伤后缓慢变为淡蓝色。子实层体表面淡黄色，受伤后快速变为灰蓝色，与菌盖菌肉的厚度相比，子实层体明显浅薄。菌柄紫红色至淡紫红色。担孢子（9 ~ 12.5）μm ×（4 ~ 5）μm，近梭形。

【生态分布】夏秋季单生或群生于林中地上，阴条岭自然保护区内林口子至阴条岭一带有分布，采集编号 500238MFYT0144。

【资源价值】有毒。

类铅紫粉孢牛肝菌

假红足薄瓤牛肝菌

273 钟形干脐菇（黄干脐菇）

【拉丁学名】*Xeromphalina campanella*（Batsch）Kühner & Maire

【系统地位】担子菌门 > 伞菌纲 > 伞菌目 > 小菇科 > 干脐菇属

【形态特征】子实体小。菌盖直径 1 ~ 3 cm，初期半球形，中部下凹呈脐状，后期边缘展开近漏斗形，表面湿润，光滑，橙黄色，边缘具明显的条纹。菌肉很薄，膜质，黄色。菌褶直生至延生，浅黄色至浅橙色，密至稍稀，不等长，稍宽，褶间有横脉相连。菌柄长 1 ~ 4 cm，直径 2 ~ 5 mm，圆柱形，常向下渐细，上部呈浅黄褐色，下部呈暗红褐色，内部松软至空心。孢子椭圆形，光滑，无色，淀粉质，（6 ~ 7.5）μm ×（2 ~ 3.5）μm。

【生态分布】夏秋季群生于林中腐朽木桩上，阴条岭自然保护区内林口子至转坪一带有分布，采集编号 500238MFYT0045。

【资源价值】食药兼用。

274 中华干蘑

【拉丁学名】*Xerula sinopudens* R.H. Petersen & Nagas.

【系统地位】担子菌门 > 伞菌纲 > 伞菌目 > 泡头菌科 > 干蘑属

【形态特征】子实体小。菌盖直径 1 ~ 4.5 cm，扁半球形至凸镜形，中央突起，淡灰色、淡褐色至黄褐色，密被灰褐色至褐色硬毛。菌肉薄，白色至灰白色。菌褶弯生至直生，白色至米色，较稀。菌柄长 3 ~ 10 cm，直径 3 ~ 5 mm，圆柱形，被褐色硬毛。孢子近球形至宽椭圆形，光滑，无色，（10.5 ~ 13.5）μm ×（9.5 ~ 12.5）μm。

【生态分布】夏季生于热带和亚热带林中地上，阴条岭自然保护区内林口子至转坪一带有分布，采集编号 500238MFYT0033。

【资源价值】可食用。

伞菌类

钟形干脐菇

中华干蘑

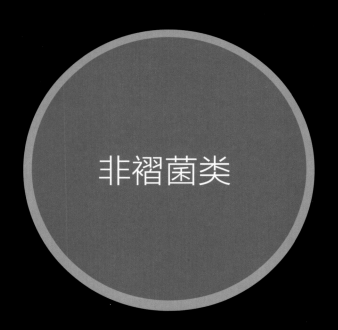

非褶菌类

　　本书中非褶菌类是指以多孔菌类为主体的、子实层多形成菌管或菌刺（齿）的菌物，阴条岭自然保护区内分布的非褶菌类主要有担子菌门（多孔菌目）多孔菌科 Polyporaceae、伏革菌科 Corticiaceae、拟层孔菌科 Fomitopsidaceae、灵芝科 Ganodermataceae、干朽菌科 Meruliaceae、原毛平革菌科 Phanerochaetaceae、刺孢齿耳菌科 Steccherinaceae，（红菇目）耳匙菌科 Auriscalpiaceae、刺孢多孔菌科 Bondarzewiaceae、猴头菌科 Hericiaceae、韧革菌科 Stereaceae，（革菌目）坂氏齿菌科 Bankeraceae、革菌科 Thelephoraceae，（鸡油菌目）齿菌科 Hydnaceae，（黏褶菌目）刺革菌科 Hymenochaetaceae 的种类，为便于与典型的伞菌相区别，也将（伞菌目）粉伏革菌科 Amylocorticiaceae、（鸡油菌目）鸡油菌科 Cantharellaceae 和（钉菇目）钉菇科 Gomphaceae 中喇叭形或漏斗状的种类纳入非褶菌类一并描述。

【拉丁学名】*Antrodia heteromorpha*（Fr.）Donk

【系统地位】担子菌门 > 伞菌纲 > 多孔菌目 > 拟层孔菌科 > 鸡油菌属

【形态特征】子实体一年生，平伏或平伏反卷，无柄，覆瓦状叠生。单个菌盖外伸可达 2 cm，直径可达 6 cm。孔口表面新鲜时乳白色至乳黄色干后淡黄色至淡黄褐色或浅褐色，无折光反应；不规则形或近圆形至多角形、迷宫状，每毫米 0.5 ~ 1.5 个；边缘薄，全缘或撕裂状。成熟子实层体裂齿状，菌齿紧密排列，每毫米 0.5 ~ 1 个。菌肉白色至浅黄色，新鲜时软木质，干后木栓质，厚可达 1 mm。菌管与孔口表面同色或略浅，长可达 7.5 mm。担孢子（8 ~ 12）μm ×（3.6 ~ 4.8）μm，圆柱形，无色，薄壁，光滑，非淀粉质，不嗜蓝。

【生态分布】夏秋季生于针叶树上，阴条岭自然保护区内阴条岭一带有分布，采集编号 500238MFYT0112。

【资源价值】木材腐朽菌，造成木材褐色腐朽。

【拉丁学名】*Antrodiella aurantilaeta*（Corner）T. Hatt. & Ryvarden

【系统地位】担子菌门 > 伞菌纲 > 多孔菌目 > 原毛平革菌科 > 小薄孔菌属

【形态特征】子实体一年生，平伏至反卷，偶尔覆瓦状叠生，新鲜时肉质至革质，干后木栓质。菌盖外伸可达 1 cm，直径可达 3 cm，直径可达 6 mm；表面新鲜时橘红色，成熟时橙黄色，干后几乎奶油色，具环纹，具绒毛；边缘锐，干后内卷。孔口表面深橘红色，干后橘红色，具折光反应；初期多角形，后期不规则形、迷宫状或裂齿形，有时为同心环褶形，每毫米 1 ~ 3 个；边缘薄，撕裂状。不育边缘明显，奶油色，直径可达 1 mm。菌肉浅米黄色，异质，厚可达 1 mm。上层为绒毛层，柔软，下层较密，木栓质，两层之间具一褐色线。菌管与菌肉同色，木栓质，长可达 5 mm。担孢子（3 ~ 3.5）μm ×（1.5 ~ 2）μm，短圆柱形至圆形，无色，薄壁，光滑，非淀粉质，不嗜蓝。

【生态分布】秋季生于阔叶树倒木和枯木上，阴条岭自然保护区红旗管护站一带有分布，采集编号 500238MFYT0376。

【资源价值】木材腐朽菌，造成木材白色腐朽。

异形薄孔菌

橘黄小薄孔菌

【拉丁学名】*Aurantiporus fissilis*（Berk. & M. A. Curtis）H. Jahn

【系统地位】担子菌门 > 伞菌纲 > 多孔菌目 > 多孔菌科 > 深黄孔菌属

【形态特征】子实体一年生，无柄盖形或平伏反卷，单生或覆瓦状叠生，肉质，具甜味，含水量大，干后木栓质，强烈收缩。菌盖近马蹄形，外伸可达 8 cm，直径可达 15 cm，基部厚可达 4.5 cm；表面新鲜时乳白色，后期浅粉褐色，具绒毛，粗糙；边缘钝，干后波状。孔口表面新鲜时乳白色，触摸后变为浅褐色，干后变为黄褐色；多角形或近圆形，每毫米 1 ~ 3 个；边缘薄，全缘或略呈撕裂状。菌肉干后污褐色，木栓质，无环带，厚可达 5 mm。菌管干后黄褐色，木栓质或脆质，长可达 40 mm。担孢子（4.3 ~ 5）μm ×（2.6 ~ 3.4）μm，椭圆形无色，薄壁，光滑，非淀粉质，不嗜蓝。

【生态分布】秋季生于阔叶树上，阴条岭自然保护区内林口子至蛇梁子一带有分布，采集编号 500238MFYT0321。

【资源价值】木材腐朽菌，造成木材白色腐朽。

【拉丁学名】*Auriscalpium orientale* P.M. Wang & Zhu L. Yang

【系统地位】担子菌门 > 伞菌纲 > 红菇目 > 耳匙菌科 > 耳匙菌属

【形态特征】子实体一年生，具侧生或中生菌柄，新鲜时革质至软木栓质，无臭无味，干后木栓质至木质。菌盖圆形，直径可达 3 cm，表面棕色到带褐色，被深棕色硬毛；幼时边缘色浅，最后菌盖几乎变黑色。菌齿钻形，末端渐尖，长 3 mm，带褐色，脆质。菌柄侧生，圆柱形，长 3.5 ~ 8 cm，直径 1 ~ 3 mm，基部稍膨大，向上渐细，实心，表面与菌盖同色，具毛。担孢子（4 ~ 6）μm ×（3.5 ~ 5）μm，近球形至宽椭圆形，有时球形或椭圆形，薄壁，透明，表面有棒状至翼状疣突，淀粉质。

【生态分布】夏秋季单生或数个聚生于马尾松、巴山松的球果上，阴条岭自然保护区内阴条岭一带有分布，采集编号 500238MFYT0099。

【资源价值】不明。

缩深黄孔菌

东方耳匙菌

【拉丁学名】*Bjerkandera adusta*（Willd.）P. Karst.

【系统地位】担子菌门 > 伞菌纲 > 多孔菌目 > 干朽菌科 > 烟管菌属

【形态特征】子实体一年生，无柄，覆瓦状叠生，新鲜时革质至软木栓质，干后木栓质。菌盖半圆形，外伸可达4 cm，直径可达6 cm，基部厚可达3 mm；表面乳白色至黄褐色，无环带，有时具疣突，被细绒毛；边缘锐，乳白色干后内卷。孔口表面新鲜时烟灰色，干后黑灰色；多角形，每毫米6～8个；边缘薄，全缘。不育边缘明显，乳白色，直径可达4 mm。菌肉干后木栓质，无环区，厚可达2 mm。菌管和孔口表面颜色相近，木栓质，长可达1 mm。担孢子（3.5～5）μm×（2～2.8）μm，长圆形，无色，薄壁，光滑，非淀粉质，不嗜蓝。

【生态分布】夏秋季生于阔叶树的活立木、死树、倒木和树桩上，阴条岭自然保护区内骡马店一带有分布，采集编号500238MFYT0385。

【资源价值】木材腐朽菌，造成木材白色腐朽；可药用。

【拉丁学名】*Cantharellus applanatus* D. Kumari，Ram. Upadhyay & Mod.S. Reddy

【系统地位】担子菌门 > 伞菌纲 > 鸡油菌目 > 鸡油菌科 > 鸡油菌属

【形态特征】子实体小至中等。菌盖直径3～6.5 cm，喇叭形，肉质，金黄色，最初扁平，后浅凹且边缘稍内卷。菌肉淡黄色，厚2 mm。菌褶同盖色，延生至菌柄部，分叉，有横脉相连。菌柄中生，长2.5～5 cm，直径0.4～0.7 cm，奶油黄色，近等粗，光滑，内实。孢子无色，光滑，椭圆形，（7～8.5）μm×（4.5～5.5）μm。

【生态分布】夏秋季散生或群生于林中地上或草丛中，阴条岭自然保护区内阴条岭一带有分布，采集编号500238MFYT0079。

【资源价值】可食用。

烟管菌

平盖鸡油菌

【拉丁学名】 *Lentinellus cochleatus*（Pers.）P. Karst.

【系统地位】 担子菌门 > 伞菌纲 > 红菇目 > 耳匙菌科 > 小香菇属

【形态特征】 担子体中等大，贝壳状至喇叭形，幼时肉质，后期变韧革质，簇生，多个担子体菌柄下部愈合在一起。菌盖直径 3 ~ 6 cm，起初为勺形或平展，后期呈心形或漏斗形，表面光滑，淡黄褐色或茶褐色，有时白粉状，边缘具条纹，稍内卷。菌肉白色或稍带淡棕色，近栓革质或革质。菌褶延生，密，直径 3 mm 左右；淡黄褐色至肉桂色，边缘锯齿状。菌柄长 3 ~ 8 cm，直径 0.3 ~ 1.2 cm，侧生或偏生，同盖色或稍淡，较韧，内实，螺旋状扭曲并与其他菌柄融合在一起，菌褶延生至菌柄上，向下具有深皱纹或具条棱。辛辣味或略带酸味。孢子印白色，担孢子（3.5 ~ 5）μm×（3 ~ 4）μm，宽椭圆形至椭圆形，表面有疣，淀粉质。

【生态分布】 秋季丛生或群生于林中地上，阴条岭自然保护区内阴条岭一带有分布，采集编号 500238MFYT0345。

【资源价值】 可食用。

【拉丁学名】 *Cerioporus squamosus*（Huds.）Quél.

【系统地位】 担子菌门 > 伞菌纲 > 多孔菌目 > 多孔菌科 > 蜡孔菌属

【形态特征】 子实体一年生，具侧生短柄或近无柄，覆瓦状叠生，肉质至革质。菌盖圆形或扇形，直径可达 40 cm，厚可达 4 cm；表面近白色、乳黄色至浅黄褐色，被暗褐色或红褐色鳞片；边缘锐，新鲜时波状，干后略内卷。孔口表面白色至黄褐色，多角形，每毫米 0.5 ~ 1.5 个；边缘薄，撕裂状菌肉白色至奶油色，厚可达 30 mm。菌管与孔口表面同色，长可达 10 mm。菌柄基部黑色，被绒毛，通常被下延的菌管覆盖，长可达 5 cm，直径可达 20 mm。担孢子（13 ~ 16）μm×（4.5 ~ 5.6）μm，广圆柱形或略纺锤形，顶部渐窄，无色，薄壁，光滑，非淀粉质，不嗜蓝。

【生态分布】 夏秋季生于多种阔叶树活立木、死树倒木和树桩上，阴条岭自然保护区内红旗管护站一带有分布，采集编号 500238MFYT0244。

【资源价值】 木材腐朽菌，造成木材白色腐朽；可药用。

贝壳状小香菇

鳞蜡孔菌

【拉丁学名】*Cerrena unicolor*（Bull.）Murrill

【系统地位】担子菌门 > 伞菌纲 > 多孔菌目 > 多孔菌科 > 下皮黑孔菌属

【形态特征】子实体一年生，覆瓦状叠生，新鲜时软革质，无臭无味，干后硬革质。菌盖半圆形，外伸可达 8 cm，直径可达 30 cm，中部厚可达 5 mm；表面初期乳白色，后期浅黄色至灰褐色，被粗毛或绒毛，具不同颜色的同心环带和浅的环沟；边缘锐，黄褐色，干后波状。孔口表面乳白色至污褐色；初期近圆形，很快变为迷宫状或齿裂状，每毫米 3 ~ 4 个；边缘厚，撕裂状。不育边缘窄，直径可达 1 mm。菌肉异质，上层菌肉褐色、柔软；下层菌肉浅黄褐色、木栓质，层间具一黑色细线。菌管与孔口表面同色，软木栓质，长可达 2 mm。担孢子（4.2 ~ 5.8）μm ×（2.6 ~ 3.5）μm，椭圆形，无色，薄壁，光滑，非淀粉质，不嗜蓝。

【生态分布】春季至秋季生于多种阔叶树的活立木倒木、腐木及树桩上，阴条岭自然保护区内林口子一带有分布，采集编号 500238MFYT0287。

【资源价值】木材腐朽菌，造成木材白色腐朽。

【拉丁学名】*Coltricia cinnamomea*（Jacq.）Murrill

【系统地位】担子菌门 > 伞菌纲 > 黏褶菌目 > 刺革菌科 > 集毛菌属

【形态特征】子实体一年生，具中生柄，软革质，无明显气味。菌盖近圆形，或数个菌盖合生，直径可达 6 cm，中部厚可达 3 mm；表面深褐色，具不明显的同心环带，被绒毛；边缘薄，锐，干后内卷。孔口表面锈褐色，多角形，每毫米 2 ~ 4 个；边缘薄，全缘或撕裂状。菌肉锈褐色，革质，厚可达 1 mm。菌管红褐色软木栓质，长可达 2 mm。菌柄暗红褐色，木栓质被短绒毛，长可达 4 cm，直径可达 3 mm。担孢子（6.4 ~ 8.4）μm ×（4.6 ~ 6.2）μm，宽圆形，浅黄色，厚壁，光滑，非淀粉质，嗜蓝。

【生态分布】夏秋季生于阔叶林中地上，阴条岭自然保护区内阴条岭一带有分布，采集编号 500238MFYT0122。

【资源价值】不明。

单色下皮黑孔菌

黄褐集毛菌

【拉丁学名】*Coltriciella subpicta*（Lloyd）Corner

【系统地位】担子菌门 > 伞菌纲 > 黏褶菌目 > 刺革菌科 > 小集毛菌属

【形态特征】子实体一年生，具柄，单生或丛生而呈莲座状，丛生的子实体通常从一共同的基部长出。菌柄锈褐色，革质至软木栓质，脆，长达2 cm，直径2 mm，基部膨胀，菌盖漏斗形，有时边缘浅裂，直径1 cm，厚0.2 cm；上表面中部通常有一陷，黄褐色至锈褐色，具细微的软绒毛及明显的同心环带，边缘锐，干后内卷。菌肉黄褐色，软革质。孔面暗褐色；管口近圆形至多角形，每毫米3～4个，管口边缘薄，通常锯齿状；菌管层黄褐色，菌管脆纤维质，略延生到菌柄上。担子长桶形，具4个孢子梗，基部无锁状联合，担子（22～27）μm×（7～9）μm。担孢子广椭圆形，无色，薄壁至稍厚壁，表面粗糙或具微小刺。

【生态分布】夏秋季生于阔叶林中地上，阴条岭自然保护区内阴条岭一带有分布，采集编号500238MFYT0096。

【资源价值】不明。

【拉丁学名】*Craterellus lutescens*（Fr.）Fr.

【系统地位】担子菌门 > 伞菌纲 > 鸡油菌目 > 鸡油菌科 > 喇叭菌属

【形态特征】菌盖直径3～8 cm，喇叭形，黄褐色至灰黄色，被细小鳞片，边缘波状或向下卷。菌肉薄。菌褶不典型，近平滑至有脉纹，延生，黄色至黄褐色。菌柄长4～8 cm，直径0.5～1 cm，圆柱形，黄色、金黄色至橘黄色，空心。担孢子（9～12）μm×（6～8.5）μm，圆形，光滑。

【生态分布】夏秋季生于针叶林或针阔混交林中地上，阴条岭自然保护区内阴条岭一带有分布，采集编号500238MFYT0327。

【资源价值】可食用。

浅色小集毛孔菌

变黄喇叭菌

非褶菌类

287 波状喇叭菌 （小喇叭菌）

【拉丁学名】*Craterellus undulatus*（Pers.）E. Campo & Papetti

【系统地位】担子菌门 > 伞菌纲 > 鸡油菌目 > 鸡油菌科 > 喇叭菌属

【形态特征】子实体小，浅棕灰色至暗灰色，高 1.5 ~ 3.5 cm。菌盖喇叭状，直径 2 ~ 3.5 cm，较薄，近半膜质，表面有细绒毛，边缘呈波浪状。子实层平滑或有皱纹，浅烟灰色，干后变为淡粉灰色。菌肉很薄。菌柄圆柱形，长 1 ~ 3.5 cm，直径 0.2 ~ 0.4 cm，内部松软。孢子光滑，椭圆形，淡黄色，（8 ~ 11）μm ×（6 ~ 7）μm。

【生态分布】夏秋季生于阔叶林中地上，丛生至群生，阴条岭自然保护区内阴条岭和千字筏一带有分布，采集编号 500238MFYT0306。

【资源价值】记载可食用。

288 肉色迷孔菌 （迪氏迷孔菌）

【拉丁学名】*Daedalea dickinsii* Yasuda

【系统地位】担子菌门 > 伞菌纲 > 多孔菌目 > 拟层孔菌科 > 迷孔菌属

【形态特征】子实体多年生，无柄，覆瓦状叠生，木栓质。菌盖半圆形，外伸可达 10 cm，直径可达 20 cm，中部厚可达 5 cm；表面浅黄色至深黑褐色，光滑，具同心环带和不明显的放射状纵条纹，有时具小疣和瘤状突起；边缘锐或略钝，浅黄色至浅黄褐色。孔口表面浅黄褐色至深褐色；近圆形、多角形、迷宫状至几乎褶状，每毫米 1 ~ 2 个；边缘薄或厚，全缘。不育边缘明显，直径可达 2 mm。菌肉肉色至浅黄褐色，厚可达 25 mm。菌管单层或多层，与菌肉同色。担孢子（4.8 ~ 6）μm ×（2 ~ 3）μm，圆柱形，无色，薄壁，光滑，非淀粉质，不嗜蓝。

【生态分布】春季至秋季生于倒木上，阴条岭自然保护区内干河坝至骡马店一带有分布，采集编号 500238MFYT0241。

【资源价值】木材腐朽菌，造成木材褐色腐朽；可药用。

波状喇叭菌

肉色迷孔菌

289 粗糙拟迷孔菌（裂拟迷孔菌）

【拉丁学名】*Daedaleopsis confragosa*（Bolton）J. Schröt.

【系统地位】担子菌门 > 伞菌纲 > 多孔菌目 > 多孔菌科 > 拟迷孔菌属

【形态特征】子实体一年生，覆瓦状叠生，木栓质。菌盖半圆形至贝壳形，外伸可达 7 cm，直径可达 16 cm，中部厚可达 2.5 cm；表面浅黄色至褐色，初期被细绒毛，后期光滑，具同心环带和放射状纵条纹，有时具疣突；边缘锐。孔口表面奶油色至浅黄褐色；近圆形、长方形、迷宫状或齿裂状，有时褶状，每毫米 1 个；边缘薄锯齿状。不育边缘窄，奶油色，直径可达 0.5 mm。菌肉浅黄褐色，厚可达 15 mm，菌管与菌肉同色，长可达 10 mm。担孢子（6.1 ~ 7.8）μm ×（1.2 ~ 1.9）μm，圆柱形，略弯曲，无色，薄壁，光滑，非淀粉质，不嗜蓝。

【生态分布】夏秋季生于活立木和倒木上，阴条岭自然保护区内红旗管护站至干河坝一带有分布，采集编号 500238MFYT0341。

【资源价值】木材腐朽菌，造成木材白色腐朽。

290 三色拟迷孔菌

【拉丁学名】*Daedaleopsis tricolor*（Bull.）Bondartsev & Singer

【系统地位】担子菌门 > 伞菌纲 > 多孔菌目 > 多孔菌科 > 拟迷孔菌属

【形态特征】子实体一年生，覆瓦状叠生，盖形，无柄，木栓质。菌盖半圆形，外伸可达 5 cm，直径可达 10 cm，基部厚可达 1 cm；表面灰褐色至红褐色，光滑，具同心环带；边缘锐，与菌盖表面同色。子实层体灰褐色至栗褐色，初期呈不规则孔状，每毫米 1 ~ 2 个；成熟后呈褶状，有时二叉分枝，每毫米 1 ~ 2 个。菌肉浅褐色，木栓质，厚可达 1 mm。菌褶颜色比子实层体稍浅，木栓质，厚可达 9 mm。担孢子（6.9 ~ 9.1）μm ×（2.1 ~ 2.5）μm，圆柱形，无色，薄壁，光滑，非淀粉质，不嗜蓝。

【生态分布】春季至秋季生于多种阔叶树的死树、倒木、树桩和落枝上，阴条岭自然保护区内红旗管护站至干河坝一带有分布，采集编号 500238MFYT0254。

【资源价值】木材腐朽菌，造成木材白色腐朽；可药用。

非褶菌类

粗糙拟迷孔菌

三色拟迷孔菌

非褶菌类

291 有枝榆孔菌（分支榆孔菌）

【拉丁学名】*Elmerina cladophora*（Berk.）Bres.

【系统地位】担子菌门 > 伞菌纲 > 银耳目 > 分钉耳科 > 榆孔菌属

【形态特征】子实体一年生，无柄，新鲜时奶油色，韧革质，干后黑色，硬木栓质。菌盖半圆形，外伸可达 2 cm，直径可达 3 cm，中部厚可达 6 mm；表面新鲜时奶油色，被粗毛，干后黄褐色，无环纹；边缘钝。孔口表面新鲜时奶油色，干后暗褐色；多角形至拉长成半褶形，每毫米 1 个；边缘厚，略呈撕裂状，具菌丝钉。菌肉奶油色，干后木栓质，厚可达 1.5 mm；菌管干后硬脆质，长可达 4.5 mm。担孢子（8.5 ~ 12.7）μm ×（4.5 ~ 6）μm，圆形，无色，薄壁，光滑，非淀粉质，不嗜蓝。

【生态分布】秋季单生于阔叶树倒木和腐木上，阴条岭自然保护区内骡马店一带有分布，采集编号 500238MFYT0383。

【资源价值】木材腐朽菌，造成木材白色腐朽。

292 条盖棱孔菌

【拉丁学名】*Favolus grammocephalus*（Berk.）Imazeki

【系统地位】担子菌门 > 伞菌纲 > 多孔菌目 > 多孔菌科 > 棱孔菌属

【形态特征】子实体一年生，具侧生柄，革质。菌盖扇形直径可达 7 cm，中部厚可达 9 mm；表面新鲜时奶油色至浅褐色，成熟时灰白色，光滑，具放射状条纹；边缘波浪状，干后有时内卷。孔口表面浅黄色至褐色，具折光反应；圆形，每毫米 4 ~ 6 个，下延至菌柄；边缘薄，略呈撕裂状。菌肉奶油色至木材色，厚可达 4 mm。菌管淡褐色，长可达 6 mm。菌柄与孔口表面同色，长可达 1 cm，直径达 5 mm。担孢子（7 ~ 8.9）μm ×（3 ~ 3.4）μm，长圆形至圆柱形，无色，薄壁，光滑，非淀粉质，不嗜蓝。

【生态分布】春季至秋季数个群生于阔叶树倒木和落枝上，阴条岭自然保护区内林口子一带有分布，采集编号 500238MFYT0282。

【资源价值】木材腐朽菌，造成木材白色腐朽。

有枝榆孔菌

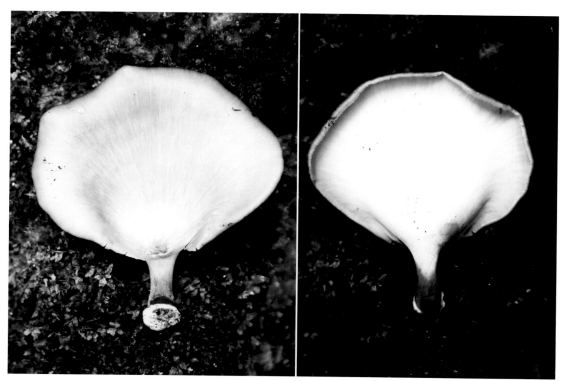

条盖棱孔菌

【拉丁学名】*Favolus philippinensis*（Berk.）Sacc.

【系统地位】担子菌门 > 伞菌纲 > 多孔菌目 > 多孔菌科 > 棱孔菌属

【形态特征】子实体一年生，具侧生柄或基部收缩成柄状，革质，具蘑菇气味。菌盖扇形至近圆形，外伸可达 4 cm，直径可达 6 cm，基部厚可达 8 mm；表面新鲜时黄褐色至土黄褐色，干后浅黄褐色至黄褐色，具明显辐射状条纹，基部呈沟状或脊状条纹；边缘锐，波状，干后内卷。孔口表面淡黄色至淡黄褐色，多角形，放射状伸长，长可达 3 mm，直径可达 1 mm；边缘薄，全缘。菌肉奶油色至淡黄褐色，厚可达 5 mm。菌管与孔口表面同色或略浅，长可达 3 mm，延生至菌柄上部。菌柄与菌盖同色，光滑，长可达 1 cm，直径可达 8 mm。担孢子（9 ~ 11）μm ×（3.4 ~ 4）μm，圆柱形，无色，薄壁，光滑，非淀粉质，不嗜蓝。

【生态分布】夏季单生或聚生于阔叶树死树或倒木上，阴条岭自然保护区内林口子至蛇梁子一带有分布，采集编号 500238MFYT0025。

【资源价值】木材腐朽菌，造成木材白色腐朽。

【拉丁学名】*Fomes fomentarius*（L.）Fr.

【系统地位】担子菌门 > 伞菌纲 > 多孔菌目 > 多孔菌科 > 层孔菌属

【形态特征】子实体多年生，马蹄形，木质。菌盖半圆形，外伸达 20 cm，直径可达 30 cm，中部厚可达 12 cm；表面灰色至灰黑色，具同心环带和浅的环沟；边缘钝，浅褐色。孔口表面褐色，圆形，每毫米 3 ~ 4 个；边缘厚，全缘。不育边缘明显，直径可达 5 mm。菌肉浅黄褐色或锈褐色，厚可达 5 cm，上表面具一明显且厚的皮壳，中部与基物着生处具一明显的菌核。菌管浅褐色，长可达 7 cm，分层明显，层间有时具白色的菌丝束。担孢子（18 ~ 21）μm ×（5 ~ 5.7）μm，圆柱形，无色，薄壁，光滑，非淀粉质，不嗜蓝。

【生态分布】夏秋季生于多种阔叶树活立木、倒木上，阴条岭自然保护区内广泛分布，采集编号 500238MFYT0161。

【资源价值】木材腐朽菌，造成木材白色腐朽；可药用。

菲律宾棱孔菌

木蹄层孔菌

【拉丁学名】*Fomitopsis betulina*（Bull.）B. K. Cui，M. L. Han & Y. C.Dai

【系统地位】担子菌门 > 伞菌纲 > 多孔菌目 > 拟层孔菌科 > 拟层孔菌属

【形态特征】子实体一年生，具侧生短柄或无柄，肉革质至木栓质。菌盖半圆形或圆形，直径可达20 cm，中部厚可达4 cm；表面新鲜时乳白色，干后乳褐色或黄褐色；边缘钝。孔口表面新鲜时乳白色，干后稻草色或浅褐色；近圆形，每毫米5 ~ 7个；边缘薄，全缘。菌肉奶油色，干后强烈收缩，海绵质或软木栓质，厚可达3.5 cm，上表面具浅褐色皮壳。菌管与孔口表面同色，干后硬纤维质，长可达5 mm。菌柄新鲜时奶油色，干后黄褐色，光滑，长可达3 cm，直径可达3 cm。担孢子（4.3 ~ 5）μm ×（1.5 ~ 2）μm，圆柱形，弯曲，有时腊肠形，无色，薄壁，非淀粉质，不嗜蓝。

【生态分布】夏秋季单生于桦树活立木和倒木上，阴条岭自然保护区内骡马店一带有分布，采集编号500238MFYT0297。

【资源价值】木材腐朽菌，造成木材褐色腐朽；可药用。

【拉丁学名】*Fomitopsis pinicola*（Sw.）P. Karst.

【系统地位】担子菌门 > 伞菌纲 > 多孔菌目 > 拟层孔菌科 > 拟层孔菌属

【形态特征】子实体多年生，无柄，新鲜时硬木栓质，无臭无味。菌盖半圆形或马蹄形，外伸可达24 cm，直径可达28 cm，中部厚可达14 cm；表面白色至黑褐色；边缘钝，初期乳白色，后期浅黄色或红褐色。孔口表面乳白色；圆形，每毫米46个；边缘厚，全缘。不育边缘明显，直径可达8 mm。菌肉乳白色或浅黄色，上表面具一明显且厚的皮壳，厚可达8 cm。菌管与菌肉同色，木栓质，分层不明显，有时被一层薄菌肉隔离，长可达6 cm。担孢子（5.3 ~ 6.5）μm ×（3.3 ~ 4）μm，圆形，无色，壁略厚，光滑，不含油滴，非淀粉质，不嗜蓝。

【生态分布】春季至秋季生于多种针叶树和阔叶树的活立木、倒木和腐木上，阴条岭自然保护区内林口子至转坪一带有分布，采集编号500238MFYT0044。

【资源价值】木材腐朽菌，造成木材褐色腐朽；可药用。

桦拟层孔菌

松生拟层孔菌

297 树舌灵芝（扁灵芝 老牛肝）

【拉丁学名】*Ganoderma applanatum*（Pers.）Pat.

【系统地位】担子菌门 > 伞菌纲 > 多孔菌目 > 灵芝科 > 灵芝属

【形态特征】子实体多年生，无柄，单生或覆瓦状叠生，木栓质。菌盖半圆形，外伸可达28 cm，直径可达55 cm，基部厚可达9 cm；表面锈褐色至灰褐色，具明显的环沟和环带；边缘圆、钝，奶油色至浅灰褐色。孔口表面灰白色至淡褐色；圆形，每毫米4～7个；边缘厚，全缘。菌肉新鲜时浅褐色，厚可达3 cm。菌管褐色，长可达6 cm，有时具白色菌丝束。担孢子（6～8.5）μm×（4.5～6）μm，广卵圆形，顶端平截，淡褐色至褐色，双层壁，外壁无色、光滑，内壁具小刺，非淀粉质，嗜蓝。

【生态分布】春季至秋季生于多种阔叶树的活立木、倒木及腐木上，阴条岭自然保护区内杨柳池一带有分布，采集编号500238MFYT0294。

【资源价值】木材腐朽菌，造成木材白色腐朽；可药用。

298 喜热灵芝

【拉丁学名】*Ganoderma calidophilum* J. D. Zhao，L. W. Hsu & X. Q. Zhang

【系统地位】担子菌门 > 伞菌纲 > 多孔菌目 > 灵芝科 > 灵芝属

【形态特征】子实体一年生，有柄，木栓质。菌盖近圆形，半圆形或近扇形，有时呈不规则形，（2～2.7）cm×（2.4～4.5）cm，厚0.5～1.5 cm，表面红褐色或紫褐色，有时呈黑褐色，有似漆样光泽，有同心环沟和环纹并有纵皱；边缘钝或呈截形。菌肉分两层，上层木材色到淡褐色，近菌管处呈褐色到暗褐色，厚0.1～0.3 cm。菌管长0.3～0.5 cm，褐色；孔面白色或近白色；管口近圆形，每毫米4～6个。菌柄背侧生或背生，长5～12 cm，直径0.4～0.7 cm；通常呈紫褐色或紫黑色，有光泽，常粗细不等并多弯曲。担孢子卵圆形，（8.7～11.6）μm×（5.8～7.8）μm，顶端多脐突，少数稍平截，双壁，外壁无色透明，平滑，内壁淡褐色，无小刺或小刺不清楚。

【生态分布】夏季至秋季生于树桩或地下腐木上，阴条岭自然保护区内杨柳池、林口子一带有分布，采集编号500238MFYT0295。

【资源价值】木材腐朽菌造成木材腐朽；可药用。

非褶菌类

树舌灵芝

喜热灵芝

非褶菌类

【拉丁学名】*Hericium erinaceus*（Bull.）Pers.

【系统地位】担子菌门 > 伞菌纲 > 红菇目 > 耳匙菌科 > 猴头菌属

【形态特征】子实体一年生，无柄或具非常短的侧生柄，新鲜时肉质，后期软革质，无臭无味，干燥后奶酪质或软木栓质，略具馊味。菌盖近球形，直径可达 25 cm；表面雪白色至乳白色，后期浅乳黄色，干后木材色，具微绒毛，干后粗糙，无同心环纹。菌齿表面新鲜时雪白色或奶油色，干后黄褐色，强烈收缩；圆柱形，从基部向顶部渐尖，新鲜时肉质，干后硬纤维质，长达 10 mm，每毫米 12 个。菌肉干后木材色，奶酪质或软木栓质，具穴孔，无环区，厚可达 10 cm。菌柄白色或乳白色，干后软木栓质，长可达 2 cm，直径达 2 cm。担子（5.8 ~ 7）μm ×（4.8 ~ 5.9）μm，椭圆形，无色，厚壁，表面具细小疣突，淀粉质，嗜蓝。

【生态分布】夏秋季通常单生，有时数个连生于阔叶树上，阴条岭自然保护区内林口子一带有分布，采集编号 500238MFYT0220。

【资源价值】木材腐朽菌，造成木材白色腐朽；食药兼用。

【拉丁学名】*Hydnellum aurantiacum*（Batsch）P. Karst.

【系统地位】担子菌门 > 伞菌纲 > 革菌目 > 坂氏齿菌科 > 亚齿菌属

【形态特征】子实体较小或中等。菌盖直径 3 ~ 5.8 cm，近圆形，平展，中部下凹，橙黄色至土黄色，边缘色浅至近白黄或近白色，表面绒毛状。菌肉橙黄色，有环纹，革质。菌柄长 2 ~ 5 cm，粗壮，基部似块状，暗褐色。盖下刺白色，渐呈现暗褐色，在菌柄上延生。孢子（5 ~ 6.5）μm ×（4.5 ~ 5.5）μm，浅褐色，近球形，有小瘤状凸起。

【生态分布】夏秋季群生或散生于林地上，阴条岭自然保护区内转坪、干河坝一带有分布，采集编号 500238MFYT0184。

【资源价值】不明。

猴头菌

橙色亚齿菌

301 辐裂齿卧孔菌（辐裂刺革菌）

【拉丁学名】*Hydnoporia tabacina*（Sowerby）Spirin，Miettinen & K.H. Larss.

【系统地位】担子菌门 > 伞菌纲 > 黏褶菌目 > 刺革菌科 > 齿卧孔菌属

【形态特征】子实体一年生，平伏至反卷或无柄，覆瓦状叠生，软革质。菌盖半圆形，外伸可达 1.5 cm，直径可达 3 cm，基部厚可达 1 mm；表面蜜褐色至黑褐色，具同心环沟或环带，具瘤状突起；边缘波状，奶油色或棕黄色，干后内卷。子实层体表面浅黄色至紫褐色，光滑，具瘤状物。不育边缘明显，奶油色至浅黄色。担孢子（4.8 ~ 6.1）μm ×（1.6 ~ 2）μm，圆柱形或近腊肠形，无色，薄壁，光滑，非淀粉质，不嗜蓝。

【生态分布】夏秋季生于阔叶树倒木上，阴条岭自然保护区内林口子至阴条岭一带有分布，采集编号 500238MFYT0345。

【资源价值】木材腐朽菌，造成木材白色腐朽。

302 卷边锈革菌

【拉丁学名】*Hydnoporia yasudae*（Imazeki）Spirin & Miettinen

【系统地位】担子菌门 > 伞菌纲 > 黏褶菌目 > 刺革菌科 > 齿卧孔菌属

【形态特征】子实体一年生，平伏至平伏反卷，易与基质分离，革质，干后易碎，初期形成小的菌落，后期汇合可达 20 cm 或更长，厚可达 0.4 mm。子实层体黄褐色、红褐色至黑褐色，光滑至轻微瘤状，通常不开裂。不育边缘毛缘状，与子实层体同色或稍浅。担孢子（6.5 ~ 8.5）μm ×（2 ~ 3）μm，圆柱形至腊肠形，无色，薄壁，光滑，非淀粉质，不嗜蓝。

【生态分布】夏秋季生于枯枝或倒木上，阴条岭自然保护区内阴条岭、干河坝一带有分布，采集编号 500238MFYT0215。

【资源价值】木材腐朽菌，造成木材白色腐朽。

非褶菌类

辐裂齿卧孔菌

卷边锈革菌

【拉丁学名】*Hydnum repandum* L.

【系统地位】担子菌门 > 伞菌纲 > 鸡油菌目 > 齿菌科 > 齿菌属

【形态特征】菌盖直径 3.5 ～ 13 cm，扁半球形至近扁平，有时不规则圆形，表面有微细绒毛，后光滑，初期边缘内卷，后期上翘或有时开裂、蛋壳色至米黄色。菌柄长 2 ～ 12 cm，直径 0.5 ～ 2 cm，同盖色，内实。担子棒状，4 小梗，无色，（35 ～ 50）μm×（7 ～ 10）μm。孢子无色，光滑，球形至近球形，（7 ～ 9）μm×（6.5 ～ 8）μm。

【生态分布】夏秋季常常散生或群生于混交林中地上，阴条岭自然保护区内骡马店一带有分布，采集编号 500238MFYT0390。

【资源价值】可食用。

【拉丁学名】*Hymenochaete berteroi* Pat.

【系统地位】担子菌门 > 伞菌纲 > 黏褶菌目 > 刺革菌科 > 刺革菌属

【形态特征】子实体一年生，平伏，革质至木栓质，长可达 15 cm，直径可达 8 cm，厚可达 0.8 mm。子实层体新鲜时鼠灰色、黄褐色至深褐色，光滑，不开裂。不育边缘明显，颜色较子实层体浅，肉桂色至黄褐色。担孢子（3.5 ～ 4）μm×（1.9 ～ 2.2）μm，圆形，无色，薄壁，光滑，非淀粉质，不嗜蓝。

【生态分布】夏秋季生于阔叶树的倒木、死树或树桩上，阴条岭自然保护区内击鼓坪至转坪一带有分布，采集编号 500238MFYT0031。

【资源价值】木材腐朽菌，造成木材白色腐朽。

卷缘齿菌

贝尔泰罗刺革菌

305 佛罗里达刺革菌

【拉丁学名】*Hymenochaete floridea* Berk. & Broome

【系统地位】担子菌门 > 伞菌纲 > 黏褶菌目 > 刺革菌科 > 刺革菌属

【形态特征】子实体一年生，平伏，不易与基物剥离，革质至木栓质，长可达 23 cm，直径可达 6 cm，厚可达 0.2 mm。子实层体新鲜时鲜红色，光滑，干后红褐色，不开裂。不育边缘不明显，与子实层体同色。担孢子（5 ~ 6）μm ×（2 ~ 3）μm，椭圆形至圆柱形，无色，薄壁，光滑，非淀粉质，不嗜蓝。

【生态分布】夏秋季生于阔叶树的倒木或枯枝上，阴条岭自然保护区内击鼓坪至转坪一带有分布，采集编号 500238MFYT0348。

【资源价值】木材腐朽菌，造成木材白色腐朽。

306 帽状刺革菌（干环褶孔菌）

【拉丁学名】*Hymenochaete xerantica*（Berk.）S. H. He & Y. C. Dai

【系统地位】担子菌门 > 伞菌纲 > 黏褶菌目 > 刺革菌科 > 刺革菌属

【形态特征】子实体一年生或二年生，平伏反卷，覆瓦状叠生，革质。菌盖半圆形至扇形，外伸可达 3 cm，直径可达 7 cm，基部厚可达 4 mm；表面黄褐色至暗褐色，被绒毛或光滑，具不明显的同心环带和浅的环沟；边缘锐，鲜黄色，干后波状。孔口表面黄褐色，具折光反应；圆形至多角形，每毫米 3 ~ 5 个；边缘薄，撕裂状。不育边缘窄至几乎无。菌肉鲜黄色至暗褐色，革质，异质，层间具一黑色细线，整个菌肉层可达 2 mm。菌管金黄色，长可达 3 mm。担孢子（3 ~ 4）μm ×（1.1 ~ 1.5）μm，圆柱形，稍弯曲，无色，薄壁，光滑，非淀粉质，弱嗜蓝。

【生态分布】夏秋季生于阔叶树上，阴条岭自然保护区内阴条岭一带有分布，采集编号 500238MFYT0086。

【资源价值】木材腐朽菌，造成木材白色腐朽。

佛罗里达刺革菌

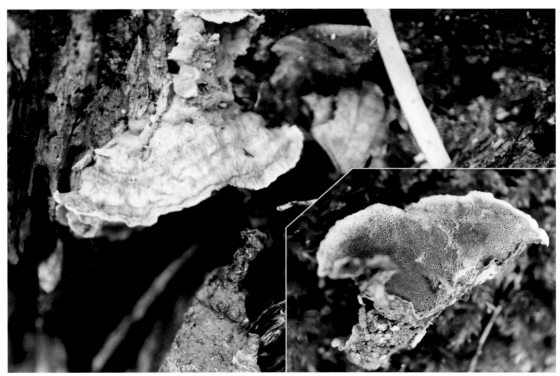

帽状刺革菌

【拉丁学名】*Inonotus luteoumbrinus*（Romell）Ryvarden

【系统地位】担子菌门 > 伞菌纲 > 黏褶菌目 > 刺革菌科 > 纤孔菌属

【形态特征】子实体一年生。菌盖扇形至半圆形，有时覆瓦状，具短而不规则的柄，新鲜时硫黄色、锈黄色至锈褐色，老后栗褐色，有微细绒毛，后变光滑，干后较硬。菌肉硬纤维质，脆，锈黄锈褐色。菌管锈黄色至褐色，管口不规则形，每毫米 2 ~ 4 个。担孢子卵圆形至近球形，无色至浅黄色，平滑，（4.5 ~ 6.1）μm ×（3.5 ~ 5）μm。

【生态分布】夏秋季生于阔叶树腐木上，阴条岭自然保护区内林口子一带有分布，采集编号 500238MFYT0004。

【资源价值】木材腐朽菌，造成木材白色腐朽。

【拉丁学名】*Irpex laceratus*（N. Maek., Suhara & R. Kondo）C. C. Chen & Sheng H. Wu

【系统地位】担子菌门 > 伞菌纲 > 多孔菌目 > 原毛平革菌科 > 耙齿菌属

【形态特征】子实体一年生，平伏，干后易碎，长可达 12 cm，直径可达 10 cm，中部厚可达 3 mm。孔口表面干后奶油色、浅黄色、暗黄色至黄褐色；圆形至多角形，每毫米 2 ~ 5 个；边缘薄，撕裂状。菌肉奶油色，软木质，厚可达 0.6 mm。菌管与孔口表面同色，易碎，长可达 2.4 mm。担孢子（4.3 ~ 4.9）μm ×（2.5 ~ 2.7）μm，椭圆形至长椭圆形，无色，薄壁，光滑，非淀粉质，不嗜蓝。

【生态分布】夏秋季生于阔叶树的活立木、死树、落枝倒木、树桩和腐木上，阴条岭自然保护区内林口子一带有分布，采集编号 500238MFYT0339。

【资源价值】木材腐朽菌，造成木材白色腐朽。

非褶菌类

黄赭纤孔菌

撕裂耙齿菌

309 硫色绚孔菌（硫黄菌）

【拉丁学名】*Laetiporus sulphureus*（Bull.）Murrill

【系统地位】担子菌门 > 伞菌纲 > 多孔菌目 > 拟层孔菌科 > 绚孔菌属

【形态特征】子实体初期瘤状，似脑髓状，后期逐渐扩展成扁平状。菌盖覆瓦状排列，湿时肉质多汗，干后轻而脆。菌盖直径 8 ~ 30 cm，厚 1 ~ 2 cm，表面硫黄色至鲜橙色，有细绒或无，有皱纹，无环带，边缘薄而锐，波浪状至瓣裂。菌肉白色或浅黄色，管孔面硫黄色，干后褪色，孔口多角形，每毫米 3 ~ 4 个。孢子卵形，近球形，光滑，无色，（4.5 ~ 7）μm ×（4 ~ 5）μm。

【生态分布】夏秋季单生或群生于活立木树干或树枝上，阴条岭自然保护区内击鼓坪一带有分布，采集编号 500238MFYT0152。

【资源价值】幼时可食用，味道较好；可药用。

310 漏斗韧伞

【拉丁学名】*Lentinus arcularius*（Batsch）Zmitr.

【系统地位】担子菌门 > 伞菌纲 > 多孔菌目 > 多孔菌科 > 韧伞属

【形态特征】子实体一年生，肉质至革质。菌盖圆形，直径可达 2 cm，厚可达 3 mm；表面新鲜时乳黄色，干后黄褐色，被暗褐色或红褐色鳞片；边缘锐，干后略内卷。孔口表面干后浅黄色或橘黄色，多角形，每毫米 1 ~ 4 个；边缘薄，撕裂状。菌肉淡黄色至黄褐色，厚可达 1 mm。菌管与孔口表面同色长可达 2 mm。菌柄与菌盖同色，干后皱缩，长可达 3 cm，直径可达 2 mm。担孢子圆柱形，略弯曲，（8.2 ~ 9.8）μm ×（2.8 ~ 3.2）μm，无色薄壁，光滑，非淀粉质，不嗜蓝。

【生态分布】夏季单生或数个簇生于多种阔叶树死树或倒木上，阴条岭自然保护区内林口子一带有分布，采集编号 500238MFYT0329。

【资源价值】木材腐朽菌，造成木材白色腐朽；可药用。

非褶菌类

硫色绚孔菌

漏斗韧伞

【拉丁学名】*Lentinus brumalis*（Pers.）Zmitr.

【系统地位】担子菌门 > 伞菌纲 > 多孔菌目 > 多孔菌科 > 韧伞属

【形态特征】子实体一年生，具中生或侧生柄，革质。菌盖圆形，直径可达9 cm，中部厚可达7 mm；表面新鲜时深灰色、灰褐色或黑褐色边缘锐，黄褐色，干后内卷。孔口表面初期奶油色，后期浅黄色具折光反应；圆形至多角形，每毫米3～4个；边缘薄，全缘。不育边缘不明显至几乎无。菌肉乳白色，异质，下层硬革质，厚可达2 mm，上层软木栓质，厚可达3 mm，两层之间具一细的黑线。菌管浅黄色或浅黄褐色，长可达2 mm。菌柄稻草色，被厚绒毛或粗毛，长可达3 cm，直径可达5 mm。担孢子（5.5～6.5）μm×（2～25）μm，圆柱形，有时稍弯曲，无色，薄壁，光滑，非淀粉质，不嗜蓝。

【生态分布】秋季单生或聚生于阔叶树上，阴条岭自然保护区内阴条岭一带有分布，采集编号500238MFYT0409。

【资源价值】木材腐朽菌，造成木材白色腐朽。

【拉丁学名】*Lenzites betulinus*（L.）Fr.

【系统地位】担子菌门 > 伞菌纲 > 多孔菌目 > 多孔菌科 > 革裥菌属

【形态特征】子实体一年生，无柄，覆瓦状叠生，革质。菌盖扇形，外伸可达5 cm，直径可达7 cm，中部厚可达1.5 cm；表面新鲜时乳白色至浅灰褐色，被绒毛或粗毛，具不同颜色的同心环纹；边缘锐，完整或波状。子实层体初期奶油色，后期浅褐色，干后黄褐色至灰褐色，褶状，放射状排列，靠近边缘处孔状或二叉分枝；边缘薄，全缘或稍撕裂状。不育边缘不明显至几乎无。菌肉浅黄色，厚可达3 mm。菌褶黄褐色至灰褐色，直径可达12 mm；每毫米0.5～2个。担孢子（4.5～5.3）μm×（1.5～2）μm，圆柱形至腊肠形，无色，薄壁，光滑，非淀粉质，不嗜蓝。

【生态分布】春季至秋季生于阔叶树特别是桦树的活立木、死树、倒木和树桩上，阴条岭自然保护区内林口子至阴条岭一带有分布，采集编号500238MFYT0023。

【资源价值】木材腐朽菌，造成木材白色腐朽；可药用。

冬生韧伞

桦革裥菌

【拉丁学名】*Lopharia cinerascens*（Schwein.）G. Cunn.

【系统地位】担子菌门 > 伞菌纲 > 多孔菌目 > 多孔菌科 > 齿脉菌属

【形态特征】子实体一年生，平伏，革质，长可达 45 cm，直径可达 25 cm，厚可达 3 mm。子实层体表面淡黄色至淡褐色，干后灰黄色，形状不规则，初期似孔状，成熟时耙齿状或迷宫状。孔口边缘薄，全缘。不育边缘奶油色，直径可达 1 mm。菌肉分两层，上层淡灰色，毡状，软；下层木材色至灰黄色，层间具一黑褐色环纹。担孢子（9 ~ 12）μm ×（5.5 ~ 7.2）μm，圆形，无色，薄壁，光滑，具 1 个大液泡，非淀粉质，不嗜蓝。

【生态分布】夏秋季生于阔叶树倒木和腐木上，阴条岭自然保护区内林口子一带有分布，采集编号 500238MFYT0021。

【资源价值】木材腐朽菌，造成木材白色腐朽。

【拉丁学名】*Microporus affinis*（Blume & T. Nees）Kuntze

【系统地位】担子菌门 > 伞菌纲 > 多孔菌目 > 多孔菌科 > 小孔菌属

【形态特征】子实体一年生，具侧生柄或几乎无柄，木栓质。菌盖半圆形至扇形，外伸可达 5 cm，直径可达 8 cm，基部厚可达 5 mm；表面淡黄色至黑色，具明显的环纹和环沟。孔口表面新鲜时白色至奶油色，干后淡黄色至黏石色；圆形，每毫米 7 ~ 9 个，边缘薄，全缘。菌肉干后淡黄色，厚可达 4 mm。菌管与孔口表面同色，长可达 2 mm。菌柄暗褐色至褐色，光滑，长可达 2 cm，直径可达 6 mm。担孢子（3.5 ~ 4.5）μm ×（1.8 ~ 2）μm，短圆柱形至腊肠形，无色，薄壁，光滑，非淀粉质，不嗜蓝。

【生态分布】春季至秋季群生于阔叶树倒木或落枝上，阴条岭自然保护区内红旗至骡马店一带有分布，采集编号 500238MFYT0252。

【资源价值】木材腐朽菌，造成木材白色腐朽。

微灰齿脉菌

褐小孔菌

【拉丁学名】*Neoantrodia variiformis*（Peck）Audet

【系统地位】担子菌门 > 伞菌纲 > 多孔菌目 > 拟层孔菌科 > 新薄孔菌属

【形态特征】子实体一年生，平伏或平伏反卷，覆瓦状叠生，新鲜时无特殊气味，木栓质，软，干后韧革质。菌盖外伸可达 1 cm，直径可达 3 cm，厚可达 7 mm；表面幼嫩时淡褐色，被细绒毛，成熟时土黄色或锈褐色，光滑，无绒毛，具不明显的同心环纹。孔口表面新鲜时淡褐色，干后污褐色至褐色，无折光反应；不规则形或近圆形至多角形，裂齿状，每毫米 1 ~ 2 个；边缘薄，全缘或撕裂状。不育边缘较窄或无。菌肉白色至浅褐色，新鲜时木栓质，厚可达 1 mm。菌管与孔口表面同色或略浅，长可达 6 mm。担孢子（8.2 ~ 10）μm ×（3.1 ~ 4）μm，圆柱形，薄壁，光滑，非淀粉质，不嗜蓝。

【生态分布】夏秋季生于针叶树倒木上，阴条岭自然保护区内击鼓坪一带有分布，采集编号 500238MFYT0322。

【资源价值】木材腐朽菌，造成木材褐色腐朽。

【拉丁学名】*Neofavolus mikawae*（Lloyd）Sotome & T. Hatt.

【系统地位】担子菌门 > 伞菌纲 > 多孔菌目 > 多孔菌科 > 新棱孔菌属

【形态特征】子实体一年生，具柄或似有柄，木栓质。菌盖扇形或近圆形，中部下凹或呈漏斗形，直径可达 8 cm，中部厚可达 0.3 cm；表面淡黄色至土黄色，光滑，具不明显的辐射状条纹；边缘锐，波浪状并撕裂，黄褐色，稍内卷。孔口表面淡黄色至黄褐色，圆形至椭圆形，每毫米 3 ~ 4 个；边缘薄，全缘至撕裂状。不育边缘几乎无。菌肉白色，厚可达 2 mm。菌管淡黄色，长可达 1 mm。菌柄黄色，长可达 3 cm，直径可达 8 mm。担孢子（9.2 ~ 10.2）μm ×（3.2 ~ 4）μm，圆柱形，薄壁，光滑，非淀粉质，不嗜蓝。

【生态分布】夏秋季单生或聚生于阔叶树落枝上，阴条岭自然保护区内林口子一带有分布，采集编号 500238MFYT0029。

【资源价值】木材腐朽菌，造成木材白色腐朽。

非褶菌类

变形新薄孔菌

三河新棱孔菌

317 红柄新棱孔菌（红柄香菇）

【拉丁学名】*Neofavolus suavissimus*（Fr.）Seelan，Justo & Hibbett

【系统地位】担子菌门 > 伞菌纲 > 多孔菌目 > 多孔菌科 > 新棱孔菌属

【形态特征】菌盖直径 7 ~ 12 cm，宽凸镜形，下凹至深脐状或近漏斗形；表面淡黄色至橙黄色、黄褐色，光滑无毛；边缘内卷，波状或瓣状开裂。菌肉厚，白色至淡黄色，坚韧。菌褶常延生，常在菌柄顶端联合交错成网状，白色或近白色，干时黄褐色，窄，较密；褶缘锯齿状。菌柄长 0.5 ~ 3 cm，直径 0.5 ~ 1.3 cm，中生、偏生侧生或无，圆柱形，基部稍膨胀，实心；表面与菌盖同色至暗红褐色，光滑，上部有菌褶延生形成的网状结构，有时基部被长柔毛，基部有时长入基物的树皮中。担孢子（6 ~ 8）μm ×（2.5 ~ 3.4）μm，近圆柱形，光滑，无色，非淀粉质。

【生态分布】夏秋季生于阔叶树枯木上，阴条岭自然保护区内转坪、骡马店一带有分布，采集编号 500238MFYT0166。

【资源价值】幼时可食用。

318 薄黑孔菌（紫褐黑孔菌）

【拉丁学名】*Nigroporus vinosus*（Berk.）Murrill

【系统地位】担子菌门 > 伞菌纲 > 多孔菌目 > 多孔菌科 > 新棱孔菌属

【形态特征】子实体一年生，无柄，覆瓦状叠生，革质。菌盖半圆形，外伸可达 7 cm，直径可达 9 cm，厚可达 5 mm；表面新鲜时紫红褐色至紫褐色，具不同颜色的同心环带或环沟，有时具瘤状突起，干后黑褐色；边缘锐或钝，奶油色至浅褐色。孔口表面黄褐色至灰紫褐色，圆形至多角形，每毫米 8 ~ 10 个；边缘薄，全缘。不育边缘明显，奶油色，直径可达 3 mm。菌肉浅紫褐色，厚可达 3.5 mm。菌管紫褐色，长可达 1.5 mm。担孢子（3.5 ~ 4.4）μm ×（1.6 ~ 2.1）μm，腊肠形至圆柱形，无色，薄壁，光滑，非淀粉质，不嗜蓝。

【生态分布】夏秋季生于阔叶树腐木上，阴条岭自然保护区内林口子至转坪、干河坝一带有分布，采集编号 500238MFYT0163。

【资源价值】木材腐朽菌，造成木材白色腐朽。

红柄新棱孔菌

薄黑孔菌

【拉丁学名】*Panus neostrigosus* Drechsler-Santos & Wartchow

【系统地位】担子菌门 > 伞菌纲 > 多孔菌目 > 多孔菌科 > 革耳属

【形态特征】菌盖直径 3 ~ 10 cm，凸镜形渐下陷至漏斗形浅；黄褐色，中央淡褐色，边缘常带紫色或淡紫色，密布长绒毛、直立短刺毛或长粗毛，边缘毛更明显；边缘内卷，薄，常呈波状至略有撕裂。菌肉近菌柄处厚 1.5 ~ 2 mm，近边缘处薄，革质，白色菌褶直径 1 ~ 2 mm，延生，黄白色至浅黄褐色，或褶缘带紫色，密，不等长。菌柄长 1 ~ 1.8 cm，直径 3 ~ 9 mm，圆柱形或具略膨大的基部，偏生至侧生少中生，纤维质，实心，与菌盖同色但一般不带紫色，被绒毛至粗毛。担孢子（3.5 ~ 6）μm ×（1.8 ~ 2.8）μm，卵形至椭圆形，光滑，无色。

【生态分布】夏秋季生于林中腐木上，阴条岭自然保护区内林口子至转坪一带有分布，采集编号 500238MFYT0073。

【资源价值】不明。

【拉丁学名】*Perenniporia minutissima*（Yasuda）T. Hatt. & Ryvarden

【系统地位】担子菌门 > 伞菌纲 > 多孔菌目 > 多孔菌科 > 多年卧孔菌属

【形态特征】子实体一年生，无柄，单生或覆瓦状叠生，干后硬骨质。菌盖形状不规则，外伸可达 6 cm，直径可达 8 cm，基部厚可达 3 cm；表面橙棕色至浅红棕色，具疣突。孔口表面新鲜时奶油色，干后黄棕色至黏褐色；多角形，每毫米 3 ~ 5 个；边缘薄，全缘。不育边缘明显，黄棕色。菌肉奶油色至浅黄色，厚可达 2 cm。菌管浅黄色至黄褐色，长可达 1 cm。担孢子（9.9 ~ 12.8）μm ×（5.9 ~ 7.8）μm；长椭圆形，无色，厚壁，光滑，拟糊精质，嗜蓝。

【生态分布】春夏季生于阔叶树倒木和树桩上，阴条岭自然保护区内骡马店一带有分布，采集编号 500238MFYT0375。

【资源价值】木材腐朽菌，造成木材白色腐朽。

非褶菌类

新粗毛革耳

骨质多年卧孔菌

【拉丁学名】*Phellinus laevigatus*（P. Karst.）Bourdot & Galzin

【系统地位】担子菌门 > 伞菌纲 > 黏褶菌目 > 刺革菌科 > 木层孔菌属

【形态特征】子实体一年生，平伏，革质至木栓质，长可达 15 cm，直径可达 8 cm，厚可达 0.8 mm。子实层体新鲜时鼠灰色、黄褐色至深褐色，光滑，不开裂。不育边缘明显，颜色较子实层体浅，肉桂色至黄褐色。担孢子（3.5 ~ 4）μm ×（1.9 ~ 2.2）μm，圆形，无色，薄壁，光滑，非淀粉质，不嗜蓝。

【生态分布】夏秋季生于阔叶树的倒木、死树或树桩上，阴条岭自然保护区内击鼓坪至转坪一带有分布，采集编号 500238MFYT0298。

【资源价值】木材腐朽菌，造成木材白色腐朽。

【拉丁学名】*Phellinopsis conchata*（Pers.）Y.C. Dai

【系统地位】担子菌门 > 伞菌纲 > 黏褶菌目 > 刺革菌科 > 拟木层孔菌属

【形态特征】子实体多年生，平伏反卷或具明显菌盖，覆瓦状叠生，木栓质。平伏时长可达 10 cm，直径可达 4 cm。菌盖半圆形，外伸可达 6 cm，直径可达 8 cm，基部厚可达 1 cm；表面暗灰色至黑色，具不明显的同心环沟和狭窄的环带；边缘锐。孔口表面古铜色至栗褐色，无折光反应；圆形，每毫米 5 ~ 7 个；边缘厚，全缘。不育边缘狭窄至几乎无，颜色比孔口表面浅。菌肉暗褐色至污褐色，厚可达 0.5 mm。菌管浅褐灰色，分层明显长可达 1 cm。担孢子（5 ~ 6）μm ×（4 ~ 5）μm，宽圆形，无色后变浅黄色，壁略厚，光滑，非淀粉质，弱嗜蓝。

【生态分布】春季至秋季生于多种阔叶树的活立木和倒木上，阴条岭自然保护区内阴条岭一带有分布，采集编号 500238MFYT0133。

【资源价值】木材腐朽菌，造成木材白色腐朽；可药用。

平滑木层孔菌

贝壳拟木层孔菌

【拉丁学名】 *Phlebia rufa*（Pers.）M.P. Christ.

【系统地位】 担子菌门 > 伞菌纲 > 多孔菌目 > 干朽菌科 > 射脉菌属

【形态特征】 子实体一年生，平伏，与基物难剥离，肉质至革质，长可达 40 cm，直径可达 15 cm，厚可达 2 mm。子实层体灰白色、淡烟灰色、浅褐色至红褐色，粗糙，有时具疣状突起。不育边缘明显，白色至奶油色，棉絮状，直径可达 2 mm。菌肉奶油色，厚可达 2 mm。担孢子（4 ~ 5）μm ×（1.3 ~ 1.9）μm，近腊肠形，无色，薄壁，光滑，非淀粉质，不嗜蓝。

【生态分布】 秋季生于倒木和腐木上，阴条岭自然保护区内林口子一带有分布，采集编号 500238MFYT0014。

【资源价值】 木材腐朽菌，造成木材白色腐朽。

【拉丁学名】 *Phlebia tremellosa*（Schrad.）Nakasone & Burds.

【系统地位】 担子菌门 > 伞菌纲 > 多孔菌目 > 干朽菌科 > 射脉菌属

【形态特征】 子实体一年生，平伏反卷或具明显菌盖，覆瓦状叠生，新鲜时易与基物剥离，肉质至革质。菌盖窄半圆形，外伸可达 3 cm，直径可达 6 cm，厚可达 3 mm；表面白色、淡黄色至粉黄色，被小绒毛。子实层体浅肉桂色、橘黄色至锈橘色，具放射状脊，干后似浅孔状。孔口圆形，每毫米 3 ~ 4 个；边缘厚，全缘。不育边缘流苏状，直径约 3 mm。菌肉灰白色，厚可达 2 mm。菌管红褐色，长可达 1 mm。担孢子（4 ~ 4.5）μm ×（1 ~ 1.5）μm，腊肠形，无色，薄壁，光滑，非淀粉质，不嗜蓝。

【生态分布】 夏秋季生于倒木和腐木上，阴条岭自然保护区内天池坝一带有分布，采集编号 500238MFYT0293。

【资源价值】 木材腐朽菌，造成木材白色腐朽。

红褐射脉菌

胶质射脉菌

非褶菌类

325 黑柄黑斑根孔菌（黑柄多孔菌）

【拉丁学名】*Picipes melanopus*（Pers.）Zmitr. & Kovalenko

【系统地位】担子菌门 > 伞菌纲 > 多孔菌目 > 多孔菌科 > 黑斑根孔菌属

【形态特征】子实体一般中等。菌盖直径 3 ~ 10 cm，扁平至浅漏斗形或中部下凹呈脐状，半肉质，干后硬而脆，初期白色、污白黄色变黄褐色，后期呈茶褐色，表面平滑无环带，边缘呈波状。菌柄近中生，内实而变硬，近圆柱形稍变曲。有绒毛，暗褐色至黑色，内部白色，基部稍膨大，长 2 ~ 6 cm，直径 0.3 ~ 1 cm。菌管白色，孔口多角形，每毫米 4 个，边缘呈锯齿状。孢子（5.5 ~ 6.5）μm ×（2 ~ 2.5）μm，无色，光滑，椭圆至长椭圆形或近圆柱状。

【生态分布】秋季单生或聚生于阔叶树腐木或木桩上，阴条岭自然保护区内阴条岭一带有分布，采集编号 500238MFYT0129。

【资源价值】可药用。

326 波状拟褶尾菌

【拉丁学名】*Plicaturopsis crispa*（Pers.）D. A. Reid

【系统地位】担子菌门 > 伞菌纲 > 伞菌目 > 粉伏革菌科 > 拟折伞菌属

【形态特征】子实体革质，菌盖扇形或半圆形，几无柄或有短柄，直径 0.5 ~ 3 cm，边缘呈花瓣状或波状，向内卷，表面浅黄色，边缘白黄色，中部带橙黄色，柄基部色浅，被细的毛及不明显的环纹。子实层面乳白色至浅灰黄褐色，由基部放射状发出皱曲的褶脉，分叉或断裂。菌肉较薄，白色，柔软。担子具 4 小梗，（12 ~ 16）μm ×（3 ~ 4）μm。孢子小，无色，光滑，近柱状弯曲，往往含 2 个油球，（3 ~ 6）μm ×（1 ~ 2）μm。

【生态分布】夏末至秋季群生于阔叶树枯枝腐木上，阴条岭自然保护区内千字筏一带有分布，采集编号 500238MFYT0308。

【资源价值】木材腐朽菌，造成木材腐朽；此种生长于枯树枝上，不易萎缩，似花朵，有观赏价值。

黑柄黑斑根孔菌

波状拟褶尾菌

327 青柄多孔菌

【拉丁学名】*Polyporus picipes* Fr.

【系统地位】担子菌门 > 伞菌纲 > 多孔菌目 > 多孔菌科 > 多孔菌属

【形态特征】菌盖直径 4 ~ 16 cm，厚 2 ~ 3.5 mm，扇形、肾形、近圆形至圆形，稍凸至平展，基部常下凹，栗褐色，中部色较深，有时表面全呈黑褐色，光滑，边缘薄而锐，波浪状至瓣裂。菌柄侧生或偏生，长 2 ~ 5 mm，直径 0.3 ~ 1.3 cm，黑色或基部黑色，初期具细绒毛后变光滑。菌肉白色或近白色，厚 0.5 ~ 2 mm。菌管延生，长 0.5 ~ 1.5 mm，与菌肉色相似，干后呈淡粉灰色。管口角形至近圆形，每毫米 5 ~ 7 个。孢子椭圆形至长椭圆形，一端尖狭，无色透明，平滑，（5.8 ~ 7.5）μm ×（2.8 ~ 3.5）μm。

【生态分布】生于阔叶树腐木上，有时也生于针叶树上，阴条岭自然保护区内林口子至蛇梁子一带有分布，采集编号 500238MFYT0330。

【资源价值】木材腐朽菌，造成木材白色腐朽。

328 猪苓多孔菌

【拉丁学名】*Polyporus umbellatus*（Pers.）Fr.

【系统地位】担子菌门 > 伞菌纲 > 多孔菌目 > 多孔菌科 > 多孔菌属

【形态特征】子实体一年生，具中生柄，具地下菌核，柄从菌核生出，在基部分枝形成许多具中生柄的菌盖，肉质至革质。菌盖近圆形或漏斗形，直径可达 4 cm，厚可达 0.4 cm；表面灰褐色，具灰褐色细小鳞片，干后皱褶状；边缘与菌盖同色，波状，干后内卷。孔口表面白色至奶油色；不规则形，每毫米 2 ~ 3 个；边缘薄，全缘至略呈撕裂状菌肉白色至奶油色，厚可达 2.5 mm。菌管与孔口表面同色，长可达 1.5 mm，延生至菌柄上部。菌柄多分枝奶油色，长可达 7 cm，基部直径达 2.5 cm。担孢子（9 ~ 12）μm ×（3.5 ~ 4.3）μm，圆柱形至舟形，无色，薄壁，光滑，非淀粉质，不嗜蓝。

【生态分布】秋季丛生于阔叶林或针阔混交林中地上，阴条岭自然保护区内千字筏一带有分布，采集编号 500238MFYT0350。

【资源价值】食药兼用。

非褶菌类

青柄多孔菌

猪苓多孔菌

【拉丁学名】*Punctularia strigosozonata*（Schwein.）P.H.B.Talbot

【系统地位】担子菌门 > 伞菌纲 > 多孔菌目 > 伏革菌科 > 点革菌属

【形态特征】子实体一年生，平伏，边缘反卷呈盖状。菌盖表面褐色，环带处略凹陷成环沟状。菌肉新鲜时胶质，干后略显革质，较硬。子实层面同盖色，呈放射状皱缩，表面光滑。孢子印粉红色，孢子无色。

【生态分布】秋季生于阔叶树倒木上，阴条岭自然保护区内骡马店一带有分布，采集编号500238MFYT0374。

【资源价值】不明。

【拉丁学名】*Radulomyces copelandii*（Pat.）Hjortstam & Spooner

【系统地位】担子菌门 > 伞菌纲 > 多孔菌目 > 干朽菌科 > 根生齿菌属

【形态特征】子实体平伏，背着生，柔软革质，近圆形或不正形，往往着生于树干向地面的下侧，生长无数下垂的柔软刺，近白色，老后淡污黄色至浅茶色，干时暗黄褐色。菌肉薄，软革质至膜质，刺长 0.4 ~ 1 cm，直径约 0.1 cm，靠近边缘刺短。孢子近球形，光滑，无色，含油滴，（5.5 ~ 6）μm ×（5 ~ 5.8）μm。

【生态分布】夏秋季生于阔叶树枯树干及倒木的下侧面，阴条岭自然保护区内转坪和红旗一带有分布，采集编号 500238MFYT0164。

【资源价值】木材腐朽菌，造成木材白色腐朽。

粗环点革菌

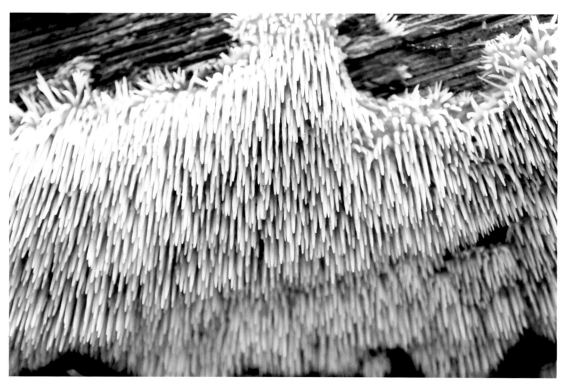

科普兰齿舌革菌

【拉丁学名】*Sarcodon atroviridis*（Morgan）Banker

【系统地位】担子菌门 > 伞菌纲 > 革菌目 > 坂氏齿菌科 > 肉齿菌属

【形态特征】子实体较小。菌盖表面平展，微凸起，直径 1.2～3.6 cm；棕褐色、黑褐色，表面光滑，似绒毛状；边缘平直。菌刺长达 3 mm，白色到灰色，受伤时呈褐色，不向菌柄上延伸。菌柄长 1.4～2.8 cm，直径 0.5～1.1 cm，近圆柱形，灰黑色。担子棍棒状。担孢子（7～10）μm ×（6～9）μm，球形至近球形，具不规则瘤，褐色，淀粉质。

【生态分布】夏秋季散生于林地上，阴条岭自然保护区内转坪、红旗管护站至干河坝一带有分布，采集编号 500238MFYT0171。

【资源价值】不明。

【拉丁学名】*Sarcodon squamosus*（Schaeff.）Quél.

【系统地位】担子菌门 > 伞菌纲 > 革菌目 > 坂氏齿菌科 > 肉齿菌属

【形态特征】子实体一年生，肉质，具柄，有蘑菇香。盖近圆形，平展或中部稍，褐色，直径约 4 cm，具深褐色平伏鳞片。菌肉干后浅褐色；刺锥形，长约 2 mm，干后褐色，延生。菌柄中生，基部膨大，长约 6 cm，直径 0.6～1.5 cm。担孢子近球形，无色，具疣状小刺，直径 4.7～6.5 μm。

【生态分布】夏秋季单生或并生于林地上，阴条岭自然保护区内林口子至转坪一带有分布，采集编号 500238MFYT0363。

【资源价值】不明。

黑绿肉齿菌

暗鳞肉齿菌

非褶菌类

【拉丁学名】*Sarcodon atroviridis*（Morgan）Banker

【系统地位】担子菌门 > 伞菌纲 > 多孔菌目 > 干朽菌科 > 齿耳属

【形态特征】子实体一年生，平伏贴生，长达 9 cm，直径 4 cm；边缘变薄，淡黄色，流苏状。子实层表面橙红色，干燥时褪色为粉红色或污黄色。菌齿浅橘红色至暗黄色，密集，钻形，干燥时坚硬，长达 3 mm，每毫米 5 ~ 7 个。担子棒状，（12 ~ 18）μm ×（4 ~ 7.5）μm。担孢子 4 个，宽椭圆形，光滑，壁薄，（4.3 ~ 4.7）μm ×（2.3 ~ 2.7）μm。

【生态分布】夏秋季生于倒木和腐木上，阴条岭自然保护区内林口子至阴条岭一带有分布，采集编号 500238MFYT0156。

【资源价值】不明。

【拉丁学名】*Stereopsis humphreyi*（Burt）Redhead & D. A. Reid

【系统地位】担子菌门 > 伞菌纲 > 多孔菌目 > 干朽菌科 > 拟韧革菌属

【形态特征】子实体一年生，具侧生菌柄，软革质。菌盖匙形、扇形、半圆形或近圆形，长径可达 4 cm，短径可达 2 cm；表面白色，被细绒毛或光滑，无同心环带；边缘锐，干后内卷。子实层体奶油色，近平滑，有时有不明显的辐射状皱纹。菌柄近圆柱形或向下变细，下部被绒毛，长可达 5 cm，直径可达 5 mm。担孢子（6 ~ 8）μm ×（4 ~ 5）μm，近杏仁形至圆形，光滑。

【生态分布】夏季通常数个聚生，阴条岭自然保护区内林口子至转坪一带有分布，采集编号 500238MFYT0176。

【资源价值】不明。

韧齿耳

绒盖拟韧革菌

【拉丁学名】*Stereum gausapatum*（Fr.）Fr.

【系统地位】担子菌门 > 伞菌纲 > 红菇目 > 韧革菌科 > 韧革菌属

【形态特征】子实体一年生，平伏反卷，覆瓦状叠生，革质。菌盖半圆形，外伸可达 2 cm，直径可达 5 cm，基部厚可达 1 mm；表面土黄色至锈褐色，被束状绒毛；边缘锐，波状。子实层体浅黄色至棕灰色，新鲜时触摸后迅速变为血红色，干后变为黄褐色至污褐色，光滑，有时具不规则疣突，具放射状纹。菌肉浅黄色至淡褐色，干后硬革质，厚可达 0.5 mm。担孢子（7 ~ 8）μm ×（3 ~ 4）μm，长圆形至圆柱形，无色，薄壁，光滑，淀粉质，不嗜蓝。

【生态分布】春季至秋季生于多种阔叶树倒木上，阴条岭自然保护区内林口子至转坪一带有分布，采集编号 500238MFYT0347。

【资源价值】木材腐朽菌，造成木材白色腐朽。

【拉丁学名】*Stereum hirsutum*（Willd.）Pers.

【系统地位】担子菌门 > 伞菌纲 > 红菇目 > 韧革菌科 > 韧革菌属

【形态特征】子实体一至二年生，平伏至具明显菌盖，覆瓦状叠生，韧革质。菌盖圆形至贝壳形，外伸可达 3 cm，直径可达 10 cm，基部厚可达 2 mm；表面浅黄色至锈黄色，具同心环纹，被灰白色至深灰色硬毛或粗绒毛；边缘锐波状，干后内卷。子实层体奶油色至棕色，光滑或具瘤状突起。菌肉奶油色，厚可达 1 mm。绒毛层与菌肉层之间具一深褐色环带。担孢子（6.5 ~ 8.9）μm ×（2.7 ~ 3.8）μm，圆形至腊肠形，无色，薄壁，光滑，淀粉质，不嗜蓝。

【生态分布】春季至秋季生于多种阔叶树倒木、树桩上，阴条岭自然保护区内林口子至阴条岭一带有分布，采集编号 500238MFYT0234。

【资源价值】木材腐朽菌，造成木材白色腐朽；可药用。

非褶菌类

烟色韧革菌

毛韧革菌

【拉丁学名】*Stereum ostrea*（Blume & T. Nees）Fr.

【系统地位】担子菌门 > 伞菌纲 > 红菇目 > 韧革菌科 > 韧革菌属

【形态特征】子实体一年生，无柄或具短柄，覆瓦状叠生，革质。菌盖半圆形或扇形，外伸可达 6 cm，直径可达 14 cm，基部厚可达 1 mm；表面鲜黄色至浅栗色，具明显的同心环带，被微细短绒毛；边缘薄，锐，新鲜时金黄色，全缘或开裂，干后内卷。子实层体肉色至蛋壳色，光滑。菌肉浅黄褐色，厚可达 1 mm。担孢子（5 ~ 6）μm ×（2.2 ~ 3）μm，宽圆形，无色，薄壁，光滑，淀粉质，不嗜蓝。

【生态分布】春季至秋季生于阔叶树死树、倒木、树桩及腐木上，阴条岭自然保护区内林口子至转坪一带有分布，采集编号 500238MFYT0077。

【资源价值】木材腐朽菌，造成木材白色腐朽。

【拉丁学名】*Stereum sanguinolentum*（Alb. & Schwein.）Fr.

【系统地位】担子菌门 > 伞菌纲 > 红菇目 > 韧革菌科 > 韧革菌属

【形态特征】子实体一年生，平伏至平伏反卷，覆瓦状叠生，革质。菌盖半圆形或扇形，外伸可达 3 cm，直径可达 5 cm，基部厚可达 1 mm；表面初期乳黄色至污黄色，后期部分暗灰褐色至黑褐色，干后污黄色、浅黄褐色至黑褐色，被粗绒毛，具明显环区；边缘锐，波状，干后内卷。子实层体新鲜时乳白色至粉褐色，触摸后迅速变为血红色，干后变为污黄色至浅黄褐色，光滑，有时具不规则疣突或具放射状纹。菌肉新鲜时奶油色，厚可达 1 mm。担孢子（5.2 ~ 6.2）μm ×（2.7 ~ 3）μm，长圆形至圆柱形，无色，薄壁，光滑，淀粉质，不嗜蓝。

【生态分布】夏秋季生于枯木、倒木上，阴条岭自然保护区内蛇梁子一带有分布，采集编号 500238MFYT0279。

【资源价值】木材腐朽菌，造成木材白色腐朽。

轮纹韧革菌

血痕韧革菌

非褶菌类

【拉丁学名】*Stereum subtomentosum* Pouzar

【系统地位】担子菌门 > 伞菌纲 > 红菇目 > 韧革菌科 > 韧革菌属

【形态特征】子实体一年生，覆瓦状叠生，革质。菌盖匙形、扇形、半圆形或近圆形，外伸可达 5 cm，直径可达 7 cm，基部厚可达 1 mm；表面基部灰色至黑褐色，被黄褐色绒毛，具明显的同心环带；边缘锐，颜色稍浅，波状，干后内卷。子实层体土黄色至浅褐色，光滑，有时具不规则疣突，新鲜时触摸后变为黄褐色。菌肉浅黄褐色，厚可达 1 mm，绒毛层与菌肉层之间具一深褐色环带。担孢子（5.3 ~ 7）μm×（2 ~ 3）μm，长圆形至圆形无色，薄壁，光滑，淀粉质，不嗜蓝。

【生态分布】春季至秋季生于阔叶树上，阴条岭自然保护区内阴条岭一带有分布，采集编号 500238MFYT0342。

【资源价值】木材腐朽菌，造成木材白色腐朽。

【拉丁学名】*Terana coerulea*（Lam.）Kuntze

【系统地位】担子菌门 > 伞菌纲 > 多孔菌目 > 原毛平革菌科 > 软质孔菌属

【形态特征】子实体一年生，平伏，新鲜时无特殊气味，革质，长可达 50 cm，直径可达 15 cm，厚可达 5 mm。子实层体新鲜时深蓝色，干后污蓝色，光滑或具小疣突。不育边缘不明显，偶尔菌索状，直径可达 1 mm。担孢子（7 ~ 9）μm×（4 ~ 6）μm，椭圆形，无色，薄壁，光滑，非淀粉质，不嗜蓝。

【生态分布】秋季生于阔叶树倒木上，阴条岭自然保护区内林口子一带有分布，采集编号 500238MFYT0196。

【资源价值】不明。

非褶菌类

绒毛韧革菌

蓝色特蓝伏革菌

【拉丁学名】*Thelephora anthocephala*（Bull.）Fr.

【系统地位】担子菌门 > 伞菌纲 > 革菌目 > 革菌科 > 革菌属

【形态特征】子实体丛生，直立，韧革质，分枝，高 3 ~ 5 cm。菌柄柱形，长 2 ~ 3 cm，直径 0.2 ~ 0.3 cm，有细长毛，粉灰褐色，干时呈深褐色，上部分裂许多裂片，顶部棕灰色，呈撕裂状，平滑。孢子（6 ~ 9）μm ×（5.6 ~ 7.5）μm，有瘤状疣，近球形。

【生态分布】夏秋季生于林中地上，阴条岭自然保护区内转坪、干河坝一带有分布，采集编号 500238MFYT0179。

【资源价值】不明。

【拉丁学名】*Thelephora aurantiotincta* Corner

【系统地位】担子菌门 > 伞菌纲 > 革菌目 > 革菌科 > 革菌属

【形态特征】子实体一年生，丛生，珊瑚状多分枝，分枝叶片扇形，高可达 8 cm，直径可达 9 cm，橙黄色至黄褐色，边缘波状且颜色浅，新鲜时革质。子实层体光滑至有疣突，褐黄色至黄色。担孢子（6 ~ 8）μm ×（5 ~ 7）μm，圆形至近球形，浅褐色，厚壁，具疣突。

【生态分布】夏秋季生于林中地上，阴条岭自然保护区内林口子至阴条岭一带有分布，采集编号 500238MFYT0088。

【资源价值】可食用。

非褶菌类

头花革菌

橙黄革菌

【拉丁学名】*Thelephora multipartita* Schwein.

【系统地位】担子菌门 > 伞菌纲 > 革菌目 > 革菌科 > 革菌属

【形态特征】子实体小，高 1.5 ～ 2 cm，革质。菌盖漏斗形，灰色，盖缘扩展并成为裂片，裂片边缘尖锐或呈鸡冠状。菌肉味略苦。子实层面紫红色，光滑。菌柄长 0.5 ～ 1 cm，被白色绒毛。孢子（5 ～ 7）μm ×（5 ～ 6）μm，浅黄色至黄褐色，有小瘤，近球形。

【生态分布】夏秋季生于阔叶林中地上，阴条岭自然保护区内阴条岭一带有分布，采集编号 500238MFYT0094。

【资源价值】不明。

【拉丁学名】*Thelephora penicillata*（Pers.）Fr.

【系统地位】担子菌门 > 伞菌纲 > 革菌目 > 革菌科 > 革菌属

【形态特征】子实体丛生，直立，软革质，有绒毛，从基部分枝成丛，高 3 ～ 6 cm，枝顶尖锐，初期蛋壳色，渐变为锈褐色，干时色更暗。子实层生枝之一面栗褐色。孢子 6 ～ 7 μm，浅锈色，有小瘤，近球形。

【生态分布】夏秋季生于林中沙地上，阴条岭自然保护区内阴条岭一带有分布，采集编号 500238MFYT0094。

【资源价值】不明。

多瓣革菌

帚革菌

【拉丁学名】*Trametes coccinea*（Fr.）Hai J. Li & S. H. He

【系统地位】担子菌门 > 伞菌纲 > 多孔菌目 > 多孔菌科 > 栓孔菌属

【形态特征】子实体一年生，革质。菌盖扇形、半圆形或肾形，外伸可达 3 cm，直径可达 5 cm，基部厚可达 1.5 cm；表面新鲜时浅红褐色、锈褐色至黄褐色，后期褪色，干后颜色几乎不变；边缘锐，颜色较浅，有时波状。孔口表面新鲜时砖红色，干后颜色几乎不变；近圆形，每毫米 5 ~ 6 个；边缘薄全缘。不育边缘明显，杏黄色，直径可达 1 mm。菌肉浅红褐色，厚可达 13 mm。菌管红褐色，长可达 2 mm。担孢子（3.6 ~ 4.4）μm×（1.7 ~ 2）μm，长圆形至圆柱形，无色，薄壁，光滑，非淀粉质，不嗜蓝。

【生态分布】夏秋季单生或簇生于多种阔叶树倒木、树桩和腐木上，阴条岭自然保护区内红旗至骡马店以及转坪一带有分布，采集编号 500238MFYT0190。

【资源价值】木材腐朽菌，造成木材白色腐朽；可药用。

【拉丁学名】*Trametes hirsuta*（Wulfen）Lloyd

【系统地位】担子菌门 > 伞菌纲 > 多孔菌目 > 多孔菌科 > 栓孔菌属

【形态特征】子实体一年生，覆瓦状叠生，革质。菌盖半圆形或扇形，外伸可达 4 cm，直径可达 10 cm，中部厚可达 13 mm；表面乳色至浅棕黄色，老熟部分常带青苔的青褐色，被硬毛和细微绒毛，具明显的同心环纹和环沟；边缘锐，黄褐色。孔口表面乳白色至灰褐色，多角形，每毫米 3 ~ 4 个；边缘薄，全缘。不育边缘不明显，直径可达 1 mm。菌肉乳白色，厚可达 5 mm。菌管奶油色或浅乳黄色，长可达 8 mm。担孢子（4.2 ~ 5.7）μm×（1.8 ~ 2.2）μm，圆柱形，无色，薄壁，光滑，非淀粉质，不嗜蓝。

【生态分布】春季至秋季生于多种阔叶树倒木、树桩和储木上，阴条岭自然保护区内广泛分布，采集编号 500238MFYT0333。

【资源价值】木材腐朽菌，造成木材白色腐朽；可药用。

深红栓菌

硬毛栓菌

【拉丁学名】*Trametes manilaensis*（Lloyd）Teng

【系统地位】担子菌门 > 伞菌纲 > 多孔菌目 > 多孔菌科 > 栓孔菌属

【形态特征】子实体一年生，革质，具芳香味。菌盖半圆形，外伸可达 7 cm，直径可达 11 cm，中部厚可达 2.5 cm；表面白色至烟灰色具瘤状物；边缘钝，白色至奶油色，完整波状。孔口表面奶油色至黄色，具折光反应；圆形至多角形，每毫米 2 ~ 3 个；边缘薄，全缘。不育边缘明显，奶油色，下菌可达 2 mm。菌肉异质，上层浅灰色，下层白色，均为硬革质，厚可达 1.5 cm。菌管奶油色至浅黄色，长可达 1 cm。担孢子（5 ~ 7.8）μm ×（2.2 ~ 3）μm，长圆形，无色，薄壁，光滑，非淀粉质，不嗜蓝。

【生态分布】夏秋季单生或群生于树桩上，阴条岭自然保护区内千字筏一带有分布，采集编号 500238MFYT0275。

【资源价值】木材腐朽菌，造成木材白色腐朽。

【拉丁学名】*Trametes strumosa*（Fr.）Zmitr.，Wasser & Ezhov

【系统地位】担子菌门 > 伞菌纲 > 多孔菌目 > 多孔菌科 > 栓孔菌属

【形态特征】子实体一年生，无柄，新鲜时革质，干后木栓质。菌盖半圆形，外伸可达 6 cm，直径可达 10 cm，中部厚可达 1 cm；表面新鲜时棕褐色至赭色，干后灰褐色，粗糙，近基部具瘤突，具明显的同心环沟。孔口表面初期奶油色至乳灰色，后期橄榄褐色；圆形，每毫米 6 ~ 7 个；边缘薄，全缘。不育边缘明显，比孔口表面颜色稍浅，直径可达 2 mm。菌肉黄褐色至橄榄褐色，木栓质，厚可达 9 mm。菌管暗褐色，长可达 1 mm。担孢子（8 ~ 10）μm ×（3.5 ~ 4）μm，圆柱形，无色，薄壁，光滑，非淀粉质，不嗜蓝。

【生态分布】夏秋季生于阔叶树倒木和腐木上，阴条岭自然保护区内骡马店一带有分布，采集编号 500238MFYT0189。

【资源价值】木材腐朽菌，造成木材白色腐朽；可药用。

非褶菌类

马尼拉栓菌

膨大栓菌

349 变色栓菌（云芝栓孔菌　云芝）

【拉丁学名】*Trametes versicolor*（L.）Lloyd

【系统地位】担子菌门 > 伞菌纲 > 多孔菌目 > 多孔菌科 > 栓孔菌属

【形态特征】子实体一年生，覆瓦状叠生，革质。菌盖半圆形，外伸可达 8 cm，直径可达 10 cm，中部厚可达 0.5 cm；表面颜色变化多样，淡黄色至蓝灰色，被细密绒毛具同心环带；边缘锐。孔口表面奶油色至烟灰色，多角形至近圆形，每毫米 4 ～ 5 个；边缘薄，撕裂状。不育边缘明显，直径可达 2 mm。菌肉乳白色，厚可达 2 mm。菌管烟灰色至灰褐色，长可达 3 mm。担孢子（4.1 ～ 5.3）μm ×（1.8 ～ 2.2）μm，圆柱形，无色，薄壁，光滑，非淀粉质，不嗜蓝。

【生态分布】春季至秋季生于多种阔叶树倒木、树桩上，阴条岭自然保护区内广泛分布，采集编号 500238MFYT0016。

【资源价值】木材腐朽菌，造成木材白色腐朽；可药用。

350 二形附毛菌（桦附毛菌）

【拉丁学名】*Trichaptum biforme*（Fr.）Ryvarden

【系统地位】担子菌门 > 伞菌纲 > 多孔菌目 > 多孔菌科 > 附毛孔菌属

【形态特征】子实体一年生，无柄盖形，有时在基部形成柄状结构，平伏至反卷，常覆瓦状叠生，新鲜时革质。菌盖扇形至半圆形，外伸可达 3 cm，直径可达 5 cm，厚可达 5 mm；表面乳白色、灰黄色、棕黄色至淡黄褐色，被细微绒毛，具同心环带；边缘锐，干后略内卷，常撕裂。子实层体齿状，淡紫色至紫褐色。孔口不规则形至齿状，每毫米 1 ～ 2 个。不育边缘明显，色浅。菌肉较薄，厚可达 1 mm，异质，上层乳白色，下层淡褐色。担孢子（4.5 ～ 5.6）μm ×（2 ～ 2.3）μm，圆柱形，稍弯曲，无色，薄壁，光滑，不嗜蓝。

【生态分布】春季至秋季生于阔叶树死树、倒木和树桩上，阴条岭自然保护区内林口子至阴条岭一带有分布，采集编号 500238MFYT0114。

【资源价值】木材腐朽菌，造成木材白色腐朽。

非褶菌类

变色栓菌

二形附毛菌

【拉丁学名】*Trulla duracina*（Pat.）Miettinen

【系统地位】担子菌门 > 伞菌纲 > 多孔菌目 > 多孔菌科 > 匙孔菌属

【形态特征】子实体一年生，具侧生柄，新鲜时革质，干后木栓质。菌盖匙形至半圆形，直径达4 cm；表面中部呈稻草色，具明显或不明显的同心环纹，光滑；边缘锐，淡黄色至黄褐色。孔口表面新鲜时奶油色，干后稻草色至淡黄灰色，具折光反应；多角形，每毫米7 ~ 8个；边缘薄，全缘。不育边缘明显。菌肉奶油色，厚可达1 mm。菌管淡黄色，长可达1 mm。菌柄圆柱形或稍扁平，长可达1 cm，直径可达3 mm。担孢子（4.1 ~ 5.2）μm ×（1.7 ~ 2）μm，圆柱形至腊肠形，无色，薄壁，光滑，非淀粉质，不嗜蓝。

【生态分布】春季至秋季生于阔叶树腐木上，阴条岭自然保护区内林口子一带有分布，采集编号500238MFYT0024。

【资源价值】木材腐朽菌，造成木材白色腐朽。

【拉丁学名】*Turbinellus floccosus*（Schwein.）Earle ex Giachini & Castellano

【系统地位】担子菌门 > 伞菌纲 > 钉菇目 > 钉菇科 > 陀螺菌属

【形态特征】菌盖直径3 ~ 7 cm，喇叭形，黄色至橘红色，被红色鳞片，中央下陷至菌柄基部。菌褶不典型或缺如，皱褶状，延生，污白色至淡黄色。菌柄长3 ~ 7 cm，直径0.5 ~ 1.5 cm，圆形，污白色至淡黄色。担孢子（11 ~ 15）μm ×（6 ~ 7.5）μm，圆形，平滑至稍粗糙。菌丝无锁状联合。

【生态分布】夏秋季生于针叶林中地上，阴条岭自然保护区内阴条岭一带有分布，采集编号500238MFYT0043。

【资源价值】有食用后中毒的记录，建议不食。

非褶菌类

柔韧匙孔菌

毛陀螺菌

353 浅褐陀螺菌

【拉丁学名】*Turbinellus fujisanensis*（S. Imai）Giachini

【系统地位】担子菌门 > 伞菌纲 > 钉菇目 > 钉菇科 > 陀螺菌属

【形态特征】菌盖直径5 ~ 8 cm，喇叭状，近肉色、淡粉褐色、淡黄褐色间黄白色，被淡褐色鳞片，中央下陷至菌柄基部。菌褶不典型，皱褶状，延生，污白色、米色至淡褐色。菌柄长3 ~ 8 cm，直径0.5 ~ 2 cm，污白色。担子（60 ~ 80）μm ×（10 ~ 12）μm。担孢子（14 ~ 18）μm ×（6 ~ 7.5）μm，圆形稍粗糙。

【生态分布】夏秋季生于针叶林中地上，阴条岭自然保护区内阴条岭一带有分布，采集编号500238MFYT0312。

【资源价值】可食用。

354 蹄形干酪菌

【拉丁学名】*Tyromyces lacteus*（Fr.）Murrill

【系统地位】担子菌门 > 伞菌纲 > 多孔菌目 > 多孔菌科 > 干酪菌属

【形态特征】子实体无柄。菌盖近马蹄形，剖面呈三角形，纯白色，后期或干时变为淡黄色，鲜时半肉质，干时变硬，直径2 ~ 4.5 cm，厚1 ~ 2.5 cm；表面无环而有细绒毛；边缘锐，内卷。菌肉软，干后易碎，厚7 ~ 15 mm。菌管白色，干时长3 ~ 10 mm，管口白色，干后变为淡黄色，多角形，每毫米3 ~ 5个，管壁薄、渐形裂。担孢子（3.5 ~ 5）μm ×（1 ~ 1.5）μm，腊肠形，无色。

【生态分布】春季至秋季生于阔叶树或针叶树腐木上，阴条岭自然保护区内转坪、干河坝一带有分布，采集编号500238MFYT0174。

【资源价值】木材腐朽菌，造成木材腐朽。

浅褐陀螺菌

蹄形干酪菌

【拉丁学名】*Vitreoporus dichrous*（Fr.）Zmitr.

【系统地位】担子菌门 > 伞菌纲 > 多孔菌目 > 干朽菌科 > 半胶菌属

【形态特征】子实体一年生，无柄，覆瓦状叠生，新鲜时软革质，干后脆胶质。菌盖半圆形，外伸可达 2 cm，直径可达 4 cm，基部厚可达 3 mm；表面初期白色或乳白色，后期淡黄色或灰白色；边缘锐，干后稍内卷。孔口表面粉红褐色至紫黑色，圆形、近圆形或多角形。不育边缘明显，乳白色或淡黄色直径可达 3 mm。菌肉白色，厚可达 2 mm。菌管与孔口表面同色或略浅，长可达 1 mm。担孢子（3.5 ~ 4.5）μm ×（0.9 ~ 1）μm，腊肠形至圆柱形，无色，薄壁，光滑，非淀粉质，不嗜蓝。

【生态分布】秋季生于阔叶树倒木上，阴条岭自然保护区内林口子一带有分布，采集编号 500238MFYT0206。

【资源价值】木材腐朽菌，造成木材白色腐朽。

【拉丁学名】*Wrightoporia austrosinensis* Y.C. Dai

【系统地位】担子菌门 > 伞菌纲 > 红菇目 > 刺孢多孔菌科 > 赖特孔菌属

【形态特征】子实体一年生，平伏，不易与基物剥离，软棉质至革质，长可达 30 cm，直径可达 10 cm，中部厚可达 2 mm。孔口表面新鲜时白色至奶油色，干后奶油色至浅黄色；圆形至不规则形，每毫米 1 ~ 3 个；边缘薄，全缘至略呈撕裂状。不育边缘明显，白色直径可达 4 mm。菌肉白色，厚可达 0.1 mm。菌管奶油色，棉质，长可达 2 mm。担孢子（3 ~ 3.2）μm ×（2 ~ 2.4）μm，圆形，无色，薄壁，具小刺，淀粉质，不嗜蓝。

【生态分布】秋季生于腐木上，阴条岭自然保护区内林口子至阴条岭一带有分布，采集编号 500238MFYT0011。

【资源价值】木材腐朽菌，造成木材白色腐朽。

二色半胶菌

华南赖特卧孔菌

【拉丁学名】*Xylobolus annosus*（Berk.& Broome）Boidin

【系统地位】担子菌门 > 伞菌纲 > 红菇目 > 韧革菌科 > 趋木菌属

【形态特征】子实体多年生，平伏，与基物极难剥离，木质，长可达 200 cm，直径可达 40 cm，厚可达 5 mm。子实层体新鲜时灰白色至灰色，具折光反应，无裂纹，干后浅黄色至木材色，光滑或瘤状，具裂纹。菌肉褐色至咖啡色，厚可达 5 mm。担孢子（4 ~ 5）μm ×（2.5 ~ 3）μm，圆柱形，顶端略弯曲，无色，壁薄至稍厚，光滑，拟糊精质，不嗜蓝。

【生态分布】春季至秋季生于阔叶树倒木、树桩上，阴条岭自然保护区内林口子一带有分布，采集编号 500238MFYT0332。

【资源价值】木材腐朽菌，造成木材白色腐朽；可药用。

【拉丁学名】*Xylobolus spectabilis*（Klotzsch）Boidin

【系统地位】担子菌门 > 伞菌纲 > 红菇目 > 韧革菌科 > 趋木菌属

【形态特征】子实体一年生，覆瓦状叠生，革质。菌盖扇形，从基部向边缘渐薄，外伸可达 1.5 cm，直径可达 3 cm，基部厚可达 1 mm；表面浅黄色黄褐色至褐色，从基部向边缘逐渐变浅，被灰白色细密绒毛，具同心环带；边缘锐波状，黄褐色，干后内卷。子实层体初期奶油色，后期浅黄色，光滑。菌肉浅黄色，革质。担孢子（4.1 ~ 5.9）μm ×（2.6 ~ 3）μm，宽椭圆形，无色，薄壁，光滑，淀粉质，不嗜蓝。

【生态分布】夏秋季生于阔叶树死树上，阴条岭自然保护区内林口子至阴条岭一带有分布，采集编号 500238MFYT0111。

【资源价值】木材腐朽菌，造成木材白色腐朽。

平伏趋木菌

金丝趋木菌

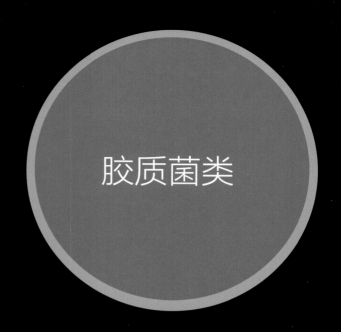

胶质菌类

阴条岭自然保护区分布的胶质菌类主要有担子菌门（银耳目）银耳科 Tremellaceae、链担耳科 Sirobasidiaceae，（木耳目）木耳科 Auriculariaceae、（花耳目）花耳科 Dacrymycetaceae、（蜡壳菌目）蜡壳菌科 Sebacinales 的种类，为便于和典型的伞菌相区别，也将（伞菌目）羽瑚菌科 Pterulaceae、核瑚菌科 Typhulaceae、珊瑚菌科 Clavariaceae，（钉菇目）钉菇科 Gomphaceae、（鸡油菌目）锁瑚菌科 Clavulinaceae 中单一棍棒状或分枝珊瑚形的种类纳入胶质菌类一并描述。

【拉丁学名】*Auricularia cornea* Ehrenb.

【系统地位】担子菌门 > 伞菌纲 > 木耳目 > 木耳科 > 木耳属

【形态特征】子实体一年生，直径可达 15 cm，厚 0.5 ~ 1.5 mm。新鲜时杯形、盘形或贝壳形，较厚，通常群生，有时单生，棕褐色至黑褐色，胶质，有弹性，质地稍硬，中部凹陷，边缘锐且通常上卷。干后收缩，变硬，角质，浸水后可恢复成新鲜时形态及质地。不育面中部常收缩成短柄状，与基质相连，被绒毛，暗灰色，分布较密子实层表面平滑，深褐色至黑色。担孢子（11.5 ~ 13.8）μm ×（4.8 ~ 6）μm，腊肠形，无色，薄壁，平滑。

【生态分布】夏秋季生于多种阔叶树倒木和腐木上，阴条岭自然保护区内广泛分布，采集编号 500238MFYT0018。

【资源价值】可食用。

【拉丁学名】*Auricularia heimuer* F. Wu，B. K. Cui & Y. C. Dai

【系统地位】担子菌门 > 伞菌纲 > 木耳目 > 木耳科 > 木耳属

【形态特征】子实体直径 2 ~ 9 cm，有时可达 13 cm，厚 0.5 ~ 1 mm。新鲜时呈杯形、耳形、叶形或花瓣形棕褐色至黑褐色，柔软半透明，胶质，有弹性，中部凹陷，边缘锐，无柄或具短柄。干后强烈收缩，变硬，脆质，浸水后迅速恢复成新鲜时形态及质地。子实层表面平滑或有褶状隆起，深褐色至黑色。不育面与基质相连，密被短绒毛。担孢子（11 ~ 13）μm ×（4 ~ 5）μm，近圆柱形或弯曲成腊肠形，无色，薄壁，平滑。

【生态分布】夏秋季单生或簇生于多种阔叶树倒木和腐木上，阴条岭自然保护区内广泛分布，采集编号 500238MFYT0027。

【资源价值】知名食用菌。

胶质菌类

角质木耳

黑木耳

胶质菌类

【拉丁学名】*Calocera cornea*（Batsch）Fr.

【系统地位】担子菌门 > 花耳纲 > 花耳目 > 花耳科 > 胶角耳属

【形态特征】子实体较小。橙黄色，胶质，一般几枝丛生在一起；圆柱形，直立或稍弯曲，高 0.5 ~ 3 cm。子实层生于表面。担子顶端二分叉，带黄色，孢子椭圆形且呈肾形或长方椭圆形，无色，光滑，（7.8 ~ 10.5）μm ×（3 ~ 4.5）μm。

【生态分布】春季至秋季多生于针叶树倒木、伐木桩上，阴条岭自然保护区内阴条岭一带有分布，采集编号 500238MFYT0050。

【资源价值】可食用，但食用价值不大。

【拉丁学名】*Calocera sinensis* McNabb

【系统地位】担子菌门 > 花耳纲 > 花耳目 > 花耳科 > 胶角耳属

【形态特征】子实体高 5 ~ 15 mm，直径 0.5 ~ 2 mm。淡黄色、橙黄色，偶淡黄褐色，干后红褐色、浅褐色或深褐色，硬胶质，棒形，偶分叉，顶端钝或尖，横切面有 3 个环带子实层周生。菌丝具横隔，壁薄，光滑或粗糙，具锁状联合。担子圆柱形至棒形，基部具锁状联合。担孢子（10 ~ 13.5）μm ×（4.5 ~ 5.5）μm，弯圆柱形，薄壁具小尖，具一横隔，无色。

【生态分布】群生于阔叶树或针叶树朽木上，阴条岭自然保护区内广泛分布，采集编号 500238MFYT0153。

【资源价值】不明。

胶质菌类

角质胶角耳

中国胶角耳

363 粘胶角耳（鹿角胶菌）

【拉丁学名】*Calocera viscosa*（Pers.）Bory

【系统地位】担子菌门 > 花耳纲 > 花耳目 > 花耳科 > 胶角耳属

【形态特征】子实体高 5 ~ 7 cm，直径 3 ~ 7 mm。顶端分叉，上部鹿角形分枝，下部圆柱形，顶端较尖，金黄色或橙黄色，近基部近白色，胶质，黏，平滑基部有时呈假根状，穿过落叶层等直到木质的生长基物，被落叶层等遮盖部分近白色。担子叉状，淡黄色。担孢子（8 ~ 11.5）μm ×（3 ~ 5）μm，椭圆形至腊肠形，光滑。

【生态分布】丛生或簇生于林中地上或腐木上，阴条岭自然保护区内转坪至阴条岭一带有分布，采集编号 500238MFYT0343。

【资源价值】不明。

364 脆珊瑚菌（虫形珊瑚菌　豆芽菌）

【拉丁学名】*Clavaria fragilis* Holmsk.

【系统地位】担子菌门 > 伞菌纲 > 伞菌目 > 珊瑚菌科 > 珊瑚菌属

【形态特征】子实体高 2 ~ 6 cm，直径 2 ~ 4 mm。细长圆柱形或长梭形，顶端稍细、变尖或圆钝，直立，不分枝，白色至乳白色，老后略带黄色且往往先从尖端开始变浅黄色至浅灰色，脆，初期实心，后期空心。柄不明显。担孢子（4 ~ 7.5）μm ×（3 ~ 4）μm，光滑无色，长椭圆形或种子形。

【生态分布】夏秋季丛生于林中地上，阴条岭自然保护区内击鼓坪至转坪一带有分布，采集编号 500238MFYT0070。

【资源价值】不明。

粘胶角耳

脆珊瑚菌

胶质菌类

【拉丁学名】*Clavaria zollingeri* Lév.

【系统地位】担子菌门 > 伞菌纲 > 伞菌目 > 珊瑚菌科 > 珊瑚菌属

【形态特征】子实体小到中型，分枝珊瑚状，高 3 ~ 8 cm，直径 2 ~ 6 cm。菌柄不显著，常多个聚生在一起，分枝 2 ~ 4 回，常二叉状，表面光滑，菫紫色、水晶紫色或紫罗兰色，枝顶钝，老时带黄褐色。菌丝无锁状联合。担孢子（5.0 ~ 7.0）μm ×（4.0 ~ 5.0）μm，宽圆形，表面光滑。

【生态分布】夏秋季丛生于林中地上，阴条岭自然保护区内击鼓坪至转坪一带有分布，采集编号 500238MFYT0193。

【资源价值】可食用。

【拉丁学名】*Clavulina rugosa*（Bull.）J. Schröt.

【系统地位】担子菌门 > 伞菌纲 > 鸡油菌目 > 锁瑚菌科 > 锁瑚菌属

【形态特征】子实体高 4 ~ 7 cm，直径 3 ~ 5 mm，不分枝或少分枝而呈鹿角形，污白色至灰白色，常凹凸不平。菌肉白色，伤不变色。担子（40 ~ 80）μm ×（7 ~ 10）μm，双孢。担孢子（8 ~ 14）μm ×（7.5 ~ 12）μm，宽圆形至近球形，表面光滑至近光滑。

【生态分布】夏秋季生于针阔混交林中地上，阴条岭自然保护区内广泛分布，采集编号 500238MFYT0130。

【资源价值】可食用。

佐林格珊瑚菌

皱锁瑚菌

【拉丁学名】*Clavulinopsis candida*（Sowerby）Corner

【系统地位】担子菌门 > 伞菌纲 > 伞菌目 > 珊瑚菌科 > 拟锁瑚菌属

【形态特征】子实体小型，单生或群生，单根棒状，不分枝，直或扭曲，整体白色，头部老后变黄白色，长 2 ~ 6 cm，直径 1 ~ 3 mm，顶部稍细。内部白色，肉质，中空。孢子印白色。孢子卵圆形，光滑，近无色，薄壁，显微镜下呈明显的同心圆状，有一歪尖，大小（7.0 ~ 10.5）μm ×（7.0 ~ 9.0）μm。

【生态分布】夏秋季生于阔叶林中地上，阴条岭自然保护区内阴条岭一带有分布，采集编号 500238MFYT0052。

【资源价值】可食用。

【拉丁学名】*Clavulinopsis fusiformis*（Sowerby）Corner

【系统地位】担子菌门 > 伞菌纲 > 伞菌目 > 珊瑚菌科 > 拟锁瑚菌属

【形态特征】子实体高 5 ~ 10 cm，直径 2 ~ 7 mm，近梭形鲜黄色，顶端钝，下部渐成菌柄，不分枝，簇生。菌柄缺如或不明显。菌肉淡黄色，伤不变色。担子（40 ~ 60）μm ×（6 ~ 10）μm。担孢子（7 ~ 9）μm ×（6 ~ 7）μm，宽圆形，表面光滑。

【生态分布】夏秋季生于针阔混交林中地上，阴条岭自然保护区内阴条岭一带有分布，采集编号 500238MFYT0072。

【资源价值】可食用。

胶质菌类

白色拟锁瑚菌

梭形黄拟锁瑚菌

【拉丁学名】*Clavulinopsis helvola*（Pers.）Corner

【系统地位】担子菌门 > 伞菌纲 > 伞菌目 > 珊瑚菌科 > 拟锁瑚菌属

【形态特征】子实体小型，圆柱形或长纺锤形，不分枝，高 3 ~ 6 cm，直径 0.1 ~ 0.3 cm。菌柄圆柱形，（0.5 ~ 1）cm ×（0.1 ~ 0.2）cm，不育，黄色半透明可育部位黄色，顶端钝。菌丝具锁状联合。担孢子（5.5 ~ 7.0）μm ×（4.5 ~ 6.0）μm，近球形或宽椭圆形，表面有分散的疣状纹饰。

【生态分布】夏秋季生于针阔混交林中地上，阴条岭自然保护区内阴条岭一带有分布，采集编号 500238MFYT0175。

【资源价值】不明。

【拉丁学名】*Dacrymyces stillatus* Nees

【系统地位】担子菌门 > 花耳纲 > 花耳目 > 花耳科 > 花耳属

【形态特征】子实体胶状，黄色至橙黄色或黄橙色，通常呈泡状或垫状，直径 2 ~ 8 mm，偶有大脑状皱纹；新鲜时表面光滑或有光泽，湿润或黏；有时具有不明显的柄部。担孢子细长，椭圆形（12 ~ 15）μm ×（6 ~ 8）μm，厚壁，光滑。

【生态分布】散生于林中腐木枯枝上，阴条岭自然保护区内阴条岭一带有分布，采集编号 500238MFYT0057。

【资源价值】不明。

胶质菌类

微黄拟锁瑚菌

花耳

371 匙盖假花耳（桂花耳）

【拉丁学名】*Dacryopinax spathularia*（Schwein.）G.W. Martin

【系统地位】担子菌门 > 花耳纲 > 花耳目 > 花耳科 > 假花耳属

【形态特征】子实体高 0.8 ~ 2.5 cm，柄下部直径 4 mm，具细绒毛，橙红色至橙黄色。菌柄基部褐色至黑褐色，延伸入腐木裂缝中。担子 2 分叉，2 孢。担孢子（8 ~ 15）μm ×（3.5 ~ 5）μm，圆形至肾形，无色，光滑，初期无横隔，后期形成 1 ~ 2 横隔。

【生态分布】春季至晚秋群生或丛生于针叶树倒腐木或木桩上，阴条岭自然保护区内兰英大峡谷一带有分布，采集编号 500238MFYT0404。

【资源价值】可食用。

372 褐丁香紫龙爪菌

【拉丁学名】*Pterulicium lilaceobrunneum*（Corner）Leal-Dutra，Dentinger & G.W. Griff.

【系统地位】担子菌门 > 伞菌纲 > 伞菌目 > 羽瑚菌科 > 龙爪菌属

【形态特征】子实体胶质，湿润时黏滑；通常从基部分枝成簇生长，上部不分枝，直径 0.2 ~ 0.5 mm，长可达 6 cm，下弯；上部白色，向下渐呈浅赭色，基部呈棕色。担子棍棒状，（45 ~ 60）μm ×（15 ~ 17）μm，着生 4 个担孢子。担孢子圆形，直径 11 ~ 14 μm，光滑。

【生态分布】秋季簇生于倒腐木或木桩上，阴条岭自然保护区内林口子一带有分布，采集编号 500238MFYT0011。

【资源价值】不明。

胶质菌类

匙盖假花耳

褐丁香紫龙爪菌

【拉丁学名】*Ditiola peziziformis*（Lév.）D. A. Reid

【系统地位】担子菌门 > 花耳纲 > 花耳目 > 花耳科 > 韧钉耳属

【形态特征】担子果新鲜时黄色，干后橙黄色；硬胶质；初为小突起，后分化为柄及头部，柄不显著，头部浅盘状，直径 2 ~ 12 mm，下面白色。原担子棒状，顶端稍膨大，基部具隔，（3.1 ~ 5.2）μm ×（31.2 ~ 62.4）μm，成熟后叉状。担孢子椭圆形，薄壁，具小尖，（6.2 ~ 10.4）μm ×（20.8 ~ 29.1）μm，3 ~ 7 隔，隔薄壁。

【生态分布】群生或散生于针叶树倒腐木或木桩上，阴条岭自然保护区内干河坝至骡马店一带有分布，采集编号 500238MFYT0386。

【资源价值】不明。

【拉丁学名】*Exidia glandulosa*（Bull.）Fr.

【系统地位】担子菌门 > 银耳纲 > 银耳目 > 黑耳科 > 黑耳属

【形态特征】子实体直径 1.5 ~ 3.5 cm，高 1 ~ 4 cm，胶质，初期为瘤状突起，后扩展贴生，彼此联合，表面具小疣突，鲜时灰黑色至黑褐色，干后为一膜状黑色薄层。菌丝具锁状联合。原担子近球形，成熟后下担子卵形，十字纵分隔，上担子圆筒形。担孢子（12 ~ 14）μm ×（4 ~ 5）μm，腊肠形。

【生态分布】夏秋季群生于阔叶林中阔叶树倒木或朽木上，阴条岭自然保护区内阴条岭一带有分布，采集编号 500238MFYT0028。

【资源价值】有报道有毒。

胶质菌类

盘状韧钉耳

黑耳

【**拉丁学名**】*Guepiniopsis buccina*（Pers.）L. L. Kenn.

【**系统地位**】担子菌门 > 花耳纲 > 花耳目 > 花耳科 > 拟胶盘耳属

【**形态特征**】子实体淡黄色或橙黄色，干后黄色、橘红色或稍暗；硬胶质；具柄和菌盖，菌盖盘状、近浅漏斗状、斜盘状，直径 3 ~ 7 mm；柄中生，圆柱状；全体高 5 ~ 10 mm。子实层生于盘的内侧，光滑。菌丝具隔，薄壁，光滑或稍粗糙，无锁状联合，直径 2.5 ~ 3 μm。柄及不育面覆盖有近栅栏状排列、具隔、厚壁、细胞常膨大且呈念珠状的皮层菌丝。原担子圆柱状至近棒状，基部具隔，（28.6 ~ 41.6）μm ×（4 ~ 5）μm，成熟后叉状。担孢子弯圆柱状，薄壁，具小尖，（10 ~ 14）μm ×（4 ~ 5.5）μm，1 ~ 3 隔，隔薄壁。

【**生态分布**】散生或群生于阔叶树倒腐木，阴条岭自然保护区内千字筏一带有分布，采集编号 500238MFYT0381。

【**资源价值**】不明。

【**拉丁学名**】*Phaeotremella foliacea*（Pers.）Wedin，J.C. Zamora & Millanes

【**系统地位**】担子菌门 > 银耳纲 > 银耳目 > 银耳科 > 暗色银耳属

【**形态特征**】子实体直径 3 ~ 8 cm，近球形，由叶状至花瓣状分枝组成，茶褐色至淡肉桂色，顶端平钝，无凹缺。菌肉稍胶质，白色，干后变硬。菌柄缺如或短。下担子（12 ~ 20）μm ×（10 ~ 16）μm，十字纵裂。担孢子（8 ~ 10）μm ×（6.5 ~ 8）μm，卵形至近球形，光滑。

【**生态分布**】夏秋季生于林中阔叶树腐木上，阴条岭自然保护区内阴条岭一带有分布，采集编号 500238MFYT0065。

【**资源价值**】可食用。

胶质菌类

胶盘耳

茶暗银耳

胶质菌类

【拉丁学名】*Pseudohydnum gelatinosum*（Scop.）P. Karst.

【系统地位】担子菌门＞银耳纲＞银耳目＞黑耳科＞假齿耳属

【形态特征】菌盖直径 1 ～ 7 cm，贝壳形至近半圆形，胶质，不黏，表面光滑或具微细绒毛，透明，白色至浅灰色、褐色或暗褐色。下部长 0.2 ～ 0.4 cm，具肉刺，圆锥形，胶质，透明，白色至浅灰色，有时稍具蓝色。菌柄长 0.5 ～ 1 cm，直径 0.8 ～ 1.2 cm，侧生，胶质，光滑，与菌盖近同色。担孢子（4.8 ～ 7.4）μm ×（4.3 ～ 7）μm，球形，光滑，无色。

【生态分布】夏秋季单生至群生于针叶林及针阔混交林中针叶树朽木及树桩上，阴条岭自然保护区内击鼓坪至转坪一带以及干河坝至骡马店一带有分布，采集编号 500238MFYT0065。

【资源价值】可食用。

378　尖枝瑚菌

【拉丁学名】*Ramaria apiculata*（Fr.）Donk

【系统地位】担子菌门＞伞菌纲＞钉菇目＞钉菇科＞枝瑚菌属

【形态特征】子实体高 4 ～ 9 cm，直径 2 ～ 9 cm，多次分枝成帚状，浅肉色，顶端与基部近同色，伤后变褐色。菌柄长 0.5 ～ 1 cm，直径 2 ～ 4 mm，由基部或靠近基部开始分枝，基部具有棉绒状菌丝体。小枝弯曲生长，密顶端细而尖，下部 2 ～ 3 叉分枝，上部以不规则二叉状分枝方法进行多次分枝。菌肉软韧质，白色伤后颜色变暗。担孢子（6 ～ 9）μm ×（4 ～ 5）μm，椭圆形至宽椭圆形，表面具褶皱或小疣，浅锈色至黄锈色。

【生态分布】夏秋季单生或丛生于林中倒腐木、地上以及腐殖质上，阴条岭自然保护区内阴条岭一带有分布，采集编号 500238MFYT0126。

【资源价值】可食用。

胶质菌类

胶质假齿菌

尖枝瑚菌

【拉丁学名】*Ramaria cyaneigranosa* Marr & D.E. Stuntz

【系统地位】担子菌门 > 伞菌纲 > 钉菇目 > 钉菇科 > 枝瑚菌属

【形态特征】子实体高 4 ~ 12 cm，直径 2 ~ 11 cm，整体呈倒卵形或纺锤形。菌柄长 1 ~ 4 cm，直径 0.5 ~ 3 cm，单生或相连，其上有多次分枝，基部绒毛白色，略呈假根状。分枝 5 ~ 6 回，分枝幼时淡红色，成熟时鲜肉棕色，端顶幼时红色，成熟时与枝同色。菌肉与子实层同色调，但颜色较淡。担孢子（8 ~ 10）μm ×（4 ~ 5）μm，圆形，有小瘤。

【生态分布】夏秋季生于针叶林中地上，阴条岭自然保护区内阴条岭一带有分布，采集编号 500238MFYT0125。

【资源价值】可食用。

【拉丁学名】*Ramaria ephemeroderma* R.H. Petersen & M. Zang

【系统地位】担子菌门 > 伞菌纲 > 钉菇目 > 钉菇科 > 枝瑚菌属

【形态特征】子实体高 10 ~ 13 cm，直径 5 ~ 8 cm，主枝 3 ~ 5 个淡肉色，局部黄色。菌柄长 2 ~ 4 cm，直径 1.5 ~ 2.5 cm，表面有白粉或光滑。分枝 3 ~ 7 回，近圆柱形，肉色，易褪色为粉色或淡鲜肉色至近白色。枝顶纤细，成熟后细指状，亮黄色。担孢子（9 ~ 12）μm ×（4.5 ~ 6.5）μm，圆形，被低矮瘤突至短条状纹。

【生态分布】夏秋季生于针阔混交林中地上，阴条岭自然保护区内阴条岭一带有分布，采集编号 500238MFYT0118。

【资源价值】可食用。

嗜蓝粒枝瑚菌

枯皮枝瑚菌

【**拉丁学名**】*Ramaria fennica*（P. Karst.）Ricken

【**系统地位**】担子菌门 > 伞菌纲 > 钉菇目 > 钉菇科 > 枝瑚菌属

【**形态特征**】子实体高5～11 cm，直径3～8 cm，整体呈倒卵形或纺锤形，幼时呈紫色。菌柄长2.5～5 cm，直径0.5～5 cm，成熟时灰白色地上部分及主枝下部紫色，中下部分枝紫灰色，向上渐浅，黄褐色调增加；中上部分枝土黄褐色，烟肉桂色，带红紫色调分枝5～6回，分枝角度小，排列比较紧密；枝尖锐而细长，黄褐色。菌肉白色或米黄色，略苦。担孢子（10～12）μm×（4～5）μm，椭圆形，有小瘤。

【**生态分布**】夏秋季单生或假簇生于阔叶林中腐殖质上，阴条岭自然保护区内骡马店一带有分布，采集编号500238MFYT0143。

【**资源价值**】不明。

【**拉丁学名**】*Ramaria gracilis*（Pers.）Quél.

【**系统地位**】担子菌门 > 伞菌纲 > 钉菇目 > 钉菇科 > 枝瑚菌属

【**形态特征**】子实体小至中型，分枝珊瑚状，高3～6 cm，直径3～8 cm，柄细弱，（0.5～1）cm×（0.2～0.5）cm，黄褐色基部有白色菌丝团，分枝繁茂，幼时黄白色，成熟后由于孢子堆积逐渐变为淡黄褐色。枝顶尖细，近白色菌丝具锁状联合。担孢子（5.0～7.0）μm×（3.0～4.0）μm，圆形，表面粗糙。

【**生态分布**】夏秋季单生至群生于针叶林及针阔混交林中针叶树朽木及树桩上，阴条岭自然保护区内阴条岭一带有分布，采集编号500238MFYT0060。

【**资源价值**】不明。

芬兰枝瑚菌

纤细枝瑚菌

【拉丁学名】*Ramaria hemirubella* R. H. Petersen & M. Zang

【系统地位】担子菌门＞伞菌纲＞钉菇目＞钉菇科＞枝瑚菌属

【形态特征】子实体高10～15 cm，直径8 cm。菌柄粗壮，长3～6 cm，直径1.5～3 m。主枝数个圆柱形。分枝3～7回，向上渐细，米色至浅褐色，枝顶深红色至红褐色。菌肉紧密。担孢子（8.5～11）μm×（4.5～5.）μm，长圆形，表面被有斜向近平行的条状纹。

【生态分布】夏秋季生于林中地上，阴条岭自然保护区内大官山一带有分布，采集编号500238MFYT0271。

【资源价值】可食用。

【拉丁学名】*Ramariopsis kunzei*（Fr.）Corner

【系统地位】担子菌门＞伞菌纲＞钉菇目＞钉菇科＞拟枝瑚菌属

【形态特征】子实体小到中型，子实体多分枝，整体呈帚状，高4～8 cm，直径3～6 cm，柄单生，长0.5～2 cm，直径0.2～0.4 cm，白色或淡土黄色，分枝多歧，白色至奶油色，枝顶较钝，与枝同色。菌丝具锁状联合。担孢子（3.5～4.5）μm×（3.0～4.0）μm，近球形，表面有细疣。

【生态分布】夏秋季生于阔叶林中地上，阴条岭自然保护区内阴条岭一带有分布，采集编号500238MFYT0217。

【资源价值】不明。

淡红枝瑚菌

孔策拟枝瑚菌

385 蜡壳耳

【拉丁学名】*Sebacina incrustans*（Pers.）Tul. & C. Tul.

【系统地位】担子菌门 > 伞菌纲 > 蜡壳菌目 > 蜡壳菌科 > 蜡壳耳属

【形态特征】子实体厚 1 ~ 3 mm，长宽变化较大，白色至污白色，蜡质至硬胶质。下担子（12 ~ 20）μm×（9 ~ 14）μm，近球形至圆形，纵向十字分隔成 4 个细胞，每个细胞顶端各长出 1 个上担子。担孢子（10 ~ 13）μm×（6 ~ 7.5）μm，近卵形至圆形，无横隔。

【生态分布】夏秋季生于枯枝落叶、地表或活的草本植物上，阴条岭自然保护区内大官山、骡马店一带有分布，采集编号 500238MFYT0286。

【资源价值】不明。

386 大链担耳

【拉丁学名】*Sirobasidium magnum* Boedijn

【系统地位】担子菌门 > 银耳纲 > 银耳目 > 链担耳科 > 链担耳属

【形态特征】担子果胶质，小的个体近脑状，表面多皱褶，较大的个体明显呈丛生泡囊状或叶状瓣片，长 1 ~ 8 cm，直径 1 ~ 6 cm，高 1 ~ 3.5 cm，鲜时黄褐色至棕褐色或赤褐色；干后棕褐色至棕黑色。子实层遍生外露表层，下担子近球形至梭形或纺锤形，4 ~ 8 个成链着生，基端有锁状联合；每个下担子具纵分隔或斜分隔，稀有横分隔，分成 2 ~ 4 个细胞，常以 2 个细胞的居优势；上担子纺锤形，早落。担孢子球形至近球形，有小尖，（6 ~ 9.5）μm×（6 ~ 9）μm，无色。

【生态分布】夏秋季单生至群生于阔叶树倒木上，阴条岭自然保护区内阴条岭一带有分布，采集编号 500238MFYT0160。

【资源价值】不明。

胶质菌类

蜡壳耳

大链担耳

387　银耳（雪耳）

【拉丁学名】*Tremella fuciformis* Berk.

【系统地位】担子菌门 > 银耳纲 > 银耳目 > 银耳科 > 银耳属

【形态特征】子实体直径 4 ~ 7 cm，白色，透明，干时带黄色，遇湿能恢复原状，黏滑，胶质，由薄而卷曲的瓣片组成。有隔担子（8 ~ 11）μm ×（5 ~ 7）μm，宽卵形，有 2 ~ 4 个斜隔膜，无色，小梗长 2 ~ 5 μm，生于顶部，常弯曲，无色。担孢子直径 5 ~ 7 μm，近球形，光滑，无色。

【生态分布】群生于林中阔叶树腐木上，阴条岭自然保护区内击鼓坪、转坪至阴条岭一带有分布，采集编号 500238MFYT0351。

【资源价值】知名食药兼用菌。

388　黄银耳（橙黄银耳）

【拉丁学名】*Tremella mesenterica* Retz.

【系统地位】担子菌门 > 银耳纲 > 银耳目 > 银耳科 > 银耳属

【形态特征】子实体直径 4 ~ 11 cm，高 3 ~ 6 cm，由许多弯曲的裂瓣组成，新鲜时黄色至橘黄色，干后暗黄色，内部微白，基部较窄，胶质。菌肉厚，有弹性，胶质。担子纵裂 4 瓣，宽椭圆形至卵圆形。担孢子（7.9 ~ 14.2）μm ×（6.3 ~ 10.5）μm，球形至宽椭圆形，光滑。

【生态分布】群生于林中阔叶树腐木上，阴条岭自然保护区内击鼓坪、转坪至阴条岭一带有分布，采集编号 500238MFYT0203。

【资源价值】知名食药兼用菌。

胶质菌类

银耳

黄银耳

389　萨摩亚银耳

【拉丁学名】*Tremella samoensis* Lloyd

【系统地位】担子菌门 > 银耳纲 > 银耳目 > 银耳科 > 银耳属

【形态特征】担子果较小，橙黄色至近硫黄色，柔软胶质，直径达 6 ~ 7 cm，由数个瓣片组成，瓣片扁平或分枝呈钝齿状至指状，表面近平滑。子实层遍生，形成一紧密的表层；下担子部分近球形，上担子部分细长。担孢子球形，直径 6 ~ 7 μm，光滑，无色，具小尖。

【生态分布】单生、散生于阔叶林中阔叶树倒木及枯枝上，阴条岭自然保护区内骡马店一带有分布，采集编号 500238MFYT0379。

【资源价值】可食用。

390　灯心草核瑚菌

【拉丁学名】*Typhula juncea*（Alb. & Schwein.）P. Karst.

【系统地位】担子菌门 > 伞菌纲 > 伞菌目 > 核瑚菌科 > 核瑚菌属

【形态特征】子实体小型，细管状，顶部渐尖，基部略细，高 3 ~ 6 cm，直径 0.1 cm，不分枝，淡黄褐色，有显著的不育柄部，高 0.5 ~ 1 cm，黄褐色。菌丝具锁状联合。担孢子（9 ~ 12）μm ×（3.5 ~ 5）μm，杏仁形，无色，光滑。

【生态分布】夏秋季群生于阔叶林中枯枝落叶层上，阴条岭自然保护区内蛇梁子沿线阔叶林路缘有分布，采集编号 500238MFYT0324。

【资源价值】不明。

胶质菌类

萨摩亚银耳

灯心草核瑚菌

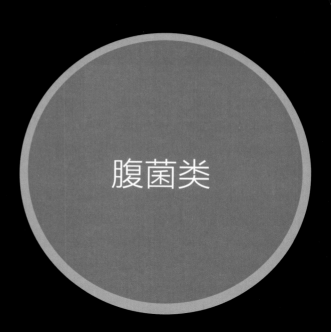

腹菌类

阴条岭自然保护区分布的腹菌类主要有担子菌门（地星目）地星科 Geastraceae、（牛肝菌目）双被地星科 Diplocystidiaceae、（牛肝菌目）硬皮马勃科 Sclerodermataceae、（鬼笔目）鬼笔科 Phallaceae 以及（伞菌目）蘑菇科 Agaricaceae 中马勃类和鸟巢菌类的种类等。

391 梨形马勃（梨形灰包）

【拉丁学名】 *Apioperdon pyriforme*（Schaeff.）Vizzini

【系统地位】 担子菌门 > 伞菌纲 > 伞菌目 > 伞菌科 > 马勃菌属

【形态特征】 子实体小，高 2 ~ 5 cm，直径 1.5 ~ 4.5 cm，梨形、近球形或短棒形，具短柄，不孕基部发达，由白色根状菌索固定于基物上。初期包被色淡，奶油色至淡褐色，后呈茶褐色。外包被形成微细颗粒状小疣或细刺，或具网纹；内部孢体变为橄榄色，呈棉絮状并混杂褐色孢子粉。担孢子球形，直径 3.5 ~ 4.5 μm，褐色或橄榄色，平滑，壁薄。

【生态分布】 夏秋季生于林中地上或腐熟木桩基部，丛生、散生或密集群生，阴条岭自然保护区分布于击鼓坪至转坪一带，采集编号 500238MFYT0406。

【资源价值】 幼嫩时可食用，成熟后可药用。

392 硬皮地星

【拉丁学名】 *Astraeus hygrometricus*（Pers.）Morgan

【系统地位】 担子菌门 > 伞菌纲 > 牛肝菌目 > 双被地星科 > 硬皮地星属

【形态特征】 子实体小型，开裂前呈球形至扁半球形，直径 1 ~ 3 cm，初期黄色至黄褐色，渐变成灰色至灰褐色；开裂后露出地面。外包被厚，分为 3 层，外层薄而松软，中层纤维质，内层软骨质，成熟时开裂成 7 ~ 9 瓣，裂片呈星状展开，潮湿时外翻至反卷，干时强烈内卷。外表面干时灰色至灰褐色，湿时深褐色至黑褐色，内侧褐色，通常具有较深裂痕。内包被薄膜质，近球形至扁球形，直径 1.2 ~ 3 cm，灰色至褐色。担孢子球形，直径 7.5 ~ 10.5 μm，褐色，具疣状或刺状突起，壁薄。

【生态分布】 夏秋季散生于林中地上或林缘空旷地上，阴条岭自然保护区干河坝至骒马店一带有分布，采集编号 500238MFYT0233。

【资源价值】 可药用。

腹菌类

梨形马勃

硬皮地星

【拉丁学名】*Bovista pusilla*（Batsch）Pers.

【系统地位】担子菌门 > 伞菌纲 > 伞菌目 > 伞菌科 > 灰球菌属

【形态特征】子实体小，近球形至球形，直径 1 ~ 2 cm，白色、黄色至浅茶褐色，无不孕基部，由根状菌丝索固定于基物上。包被两层，外包被上有细小易脱落的颗粒；内包被薄，光滑，成熟时顶尖有小口。内部孢体蜜黄色至浅茶褐色。担孢子球形，直径 3 ~ 4 μm，浅黄色，近光滑，有时具短柄。孢丝分枝，与孢子同色，直径 3 ~ 4 μm。

【生态分布】夏秋季单生或群生于林中地上或草地上，阴条岭自然保护区内广泛分布，采集编号 500238MFYT0068。

【资源价值】药用。

【拉丁学名】*Calvatia boninensis* S. Ito & S. Imai

【系统地位】担子菌门 > 伞菌纲 > 伞菌目 > 伞菌科 > 秃马勃属

【形态特征】子实体直径 3 ~ 8 cm，扁球形或近似陀螺形，不孕基部宽而短，表皮细绒状，龟裂为细小斑块或斑纹，栗色、褐红色或棕褐色。内部产孢组织幼时白色至近白色，后变黄色，呈棉絮状，成熟后孢粉暗褐色。成熟开裂时上部易消失，柄状基部不易消失。担孢子宽椭圆形至近球形，（4 ~ 5.5）μm ×（3 ~ 4）μm，表面有小疣，淡青黄色。

【生态分布】夏秋季单生或群生于林中腐殖质丰富的地上，阴条岭自然保护区内干河坝至骡马店、千子筏等地有分布，采集编号 500238MFYT0392。

【资源价值】幼嫩时可食用，成熟时可药用。

小灰球菌

栗粒皮秃马勃

【拉丁学名】 *Calvatia craniiformis*（Schwein.）Fr. ex De Toni

【系统地位】 担子菌门 > 伞菌纲 > 伞菌目 > 伞菌科 > 秃马勃属

【形态特征】 子实体小至中等，陀螺形，高 4.5 ~ 14.5 cm，直径 4.5 ~ 10 cm，不孕基部发达，以根状菌索固定在地上。包被分为两层，均薄质，紧贴在一起，黄褐色至酱褐色，初期具微细毛，后逐渐变光滑，成熟后顶部开裂并成片脱落。孢体幼时白色，后变蜜黄色。孢子球形或宽椭圆形，直径 2.8 ~ 4 μm，淡黄色。孢丝淡褐色，厚壁，有稀少分枝和横隔。

【生态分布】 夏秋季单生或群生于阔叶林中地上或路边，阴条岭自然保护区内偶见分布，采集编号 500238MFYT0102。

【资源价值】 幼嫩时可食用，成熟时可药用。

【拉丁学名】 *Clavariadelphus pistillaris*（L.）Donk

【系统地位】 担子菌门 > 伞菌纲 > 钉菇目 > 棒瑚菌科 > 棒瑚菌属

【形态特征】 子实体高 12 ~ 18 cm，直径 1 ~ 1.5 cm，棒状，不分枝，顶部钝圆，幼时光滑，后渐有纵条纹或纵皱纹，向基部渐渐变细，直或变曲，土黄色，后期赭色或带红褐色，向下色渐变浅。菌肉白色，松软，有苦味。子实层生棒的上部周围。柄部细，污白色。孢子印白色至带乳黄色。孢子无色，光滑，椭圆形，（10 ~ 11.5）μm ×（6 ~ 8）μm。

【生态分布】 夏秋季单生或群生于林中地上或路边，阴条岭自然保护区击鼓坪至转坪一带箭竹林内有分布，采集编号 500238MFYT0178。

【资源价值】 可食用。

头状秃马勃

棒瑚菌

【拉丁学名】*Crucibulum laeve*（Huds.）Kambly

【系统地位】担子菌门 > 伞菌纲 > 伞菌目 > 伞菌科 > 白蛋巢菌属

【形态特征】子实体小，高 0.3 ~ 0.7 cm，直径 0.4 ~ 1 cm，似鸟巢状或浅杯形、桶形，无柄，成熟前顶部有淡黄色至黄褐色盖膜，内有数个扁球形的小包。包被外表淡黄色、黄褐色至黄色，初期被绒毛，后渐光滑，褐色，最后褪至灰色；内侧光滑，污白色至灰色。盖膜上有深肉桂色绒毛。小包扁球形，直径 0.15 ~ 0.2 cm，由一纤细的菌攀索固定于包被中，其表面有一层白色的外膜，外膜脱落后变成黑色。孢子（7.6 ~ 12）μm ×（4.5 ~ 6）μm，椭圆形至近卵形，无色，光滑，厚壁。

【生态分布】夏秋季成群生于林中腐木和枯枝上，阴条岭自然保护区内阔叶林和日本落叶松林内广泛分布，采集编号 500238MFYT0405。

【资源价值】不明。

【拉丁学名】*Cyathus striatus* Willd.

【系统地位】担子菌门 > 伞菌纲 > 伞菌目 > 伞菌科 > 黑蛋巢菌属

【形态特征】子实体倒圆锥形，少数杯形、钟形，高大，高 1 ~ 1.5 cm，基部狭缩成短柄，成熟前顶部有淡灰色盖膜。包被外表面灰褐色、暗褐色至污褐色，被有淡黄色、黄色、黄棕色、浅棕黄色的粗长硬毛，初期有不明显纵条纹，毛脱落后明显；内侧灰白色、银灰色、暗银色，纵条纹明显。小包扁球形，直径 1.5 ~ 2.5 mm，具单层皮层，浅褐色、褐色至黑色。担孢子呈椭圆形、矩椭圆形，（15 ~ 25）μm ×（8 ~ 12）μm，厚壁。

【生态分布】夏秋季成群生于阔叶林中腐木或腐殖质多的土上，阴条岭自然保护区内广泛分布，采集编号 500238MFYT0013。

【资源价值】不明。

乳白蛋巢菌

隆纹黑蛋巢菌

【拉丁学名】*Geastrum fimbriatum* Fr.

【系统地位】担子菌门 > 伞菌纲 > 地星目 > 地星科 > 地星属

【形态特征】子实体在展开前生于地下，球形，顶部突起或有喙，直径 1 ~ 1.5 cm，表面被有植物残体壳。开裂后外包被反卷，多数为浅囊状或深囊状，开裂至一半或大于、小于一半处，形成 5 ~ 11 瓣裂片，以 6 ~ 9 瓣为多。裂片瓣多数宽，少数狭窄，渐尖，向外反卷于外包被盘下或平展仅先端反卷。外层薄，部分脱落。内包被体球形、近球形，顶部乳突状或具阔圆锥形突起，无囊托；内包被草黄色、沙土色，表面平滑；子实口缘乳突状或阔圆锥形，顶部钝圆，绢毛状或纤毛状，无口缘环。担孢子球形或近球形，直径 2.5 ~ 4 μm，浅棕色至黑棕色，表面多数具微疣突及微刺突，有时相连。

【生态分布】夏秋季单生、散生或群生于林中腐枝落叶上，阴条岭自然保护区内阴条岭一带有分布，采集编号 500238MFYT0007。

【资源价值】可药用。

【拉丁学名】*Geastrum mirabile* Mont.

【系统地位】担子菌门 > 伞菌纲 > 地星目 > 地星科 > 地星属

【形态特征】子实体初期菌蕾球形、近球形、倒卵形，直径 3 ~ 5 cm。外包被基部袋形，开裂至一半或小于一半，裂 5 ~ 7 瓣，渐尖，外侧乳白色至米黄色，内侧灰褐色。内包被体球形、近球形或卵圆形，顶部圆锥形突起，短，基部无柄和囊托；子实口缘短阔圆锥形，纤毛状，颜色浅于内包被，口缘环明显。担孢子球形、近球形，直径 3 ~ 4 μm，褐色，表面具微疣突或刺突。

【生态分布】 生于阔叶林中腐木上或碎木腐殖质土上，阴条岭自然保护区内阴条岭一带有 木腐殖质土上，采集编号 500238MFYT0106。

腹菌类

毛嘴地星

木生地星

腹菌类

【拉丁学名】*Geastrum triplex* Jough.

【系统地位】担子菌门 > 伞菌纲 > 地星目 > 地星科 > 地星属

【形态特征】菌蕾直径 1 ~ 4 cm，近球形。成熟时外包被分裂为 5 ~ 7 瓣，裂片反卷，外表光滑，蛋壳色，内层肉质，干后变薄，栗褐色，往往中部分离并部分脱落，仅保留基部。内包被高 1.2 ~ 3.8 cm，直径 1 ~ 3.9 cm，无柄，近球形、卵形，顶部有长或短的喙，或呈脐突状，淡褐色、暗栗色至污褐色。担孢子褐色，近球形，有小疣，直径 3 ~ 4.5 μm。

【生态分布】夏秋季生于林中地上，阴条岭自然保护区内阴条岭一带有分布，采集编号 500238MFYT0105。

【资源价值】可药用。

【拉丁学名】*Lycoperdon perlatum* Pers.

【系统地位】担子菌门 > 伞菌纲 > 伞菌目 > 伞菌科 > 马勃菌属

【形态特征】子实体一般小，倒卵形至陀螺形，高 3 ~ 8 cm，直径 2 ~ 6 cm，初期近白色，后变灰黄色至黄色，不孕基部发达或伸长如柄。外包被由无数小疣组成，间有较大易脱的刺，刺脱落后显出淡色而光滑的斑点，连接成网纹。孢体青黄色，后变为褐色，有时稍带紫色。孢子球形，无色或淡黄色，具微细刺状或小疣，3.5 ~ 4 μm，壁稍薄。

【生态分布】夏秋季群生于林中地上，有时生于腐木上，阴条岭自然保护区内阴条岭、兰英、干河坝、千字筏一带有分布，采集编号 500238MFYT0042。

【资源价值】幼嫩时可食用，成熟时可药用。

尖顶地星

网纹马勃

【拉丁学名】*Lycoperdon umbrinum* Pers.

【系统地位】担子菌门 > 伞菌纲 > 伞菌目 > 伞菌科 > 马勃菌属

【形态特征】子实体一般小，近球形、扁球形至圆陀螺形，高 3 ~ 5.58 cm，直径 2.5 ~ 5 cm。外包被初期白色至污白色，后呈浅褐色至深褐色，成熟时龟裂为颗粒或小刺粒，不易脱落，老后部分脱落。不育基部发达，连有污白色根状菌索。孢子球形，粗糙，4 ~ 5.2 μm，有短柄。

【生态分布】夏秋季生于混交林中地上，偶生于腐木上，阴条岭自然保护区白果林场内阴条岭一带有分布，采集编号 500238MFYT0248。

【资源价值】可药用。

【拉丁学名】*Mutinus bambusinus*（Zoll.）E. Fisch.

【系统地位】担子菌门 > 伞菌纲 > 鬼笔目 > 鬼笔科 > 蛇头菌属

【形态特征】子实体较小。幼时菌蕾高 1 ~ 2 cm，直径 0.5 ~ 1.3 cm，卵形至长圆形。成熟时孢托从包被中伸出，由上部的产孢组织和下部的菌柄组成。菌柄圆柱形，似海绵状，中空，高 2 ~ 3.5 cm，直径 0.5 ~ 0.8 cm，淡橙黄色至淡黄色，近基部黄白色。产孢部分长 1.5 ~ 2.5 cm，近长筒形至近长圆锥形，表面有圆钝的粒状或疱疹状突起，其上有暗青灰色、黏稠且腥臭气味的孢体，孢体脱落后呈深红色，顶端稍平截。孢子无色至淡青色，椭圆形，（4 ~ 5）μm ×（2 ~ 3）μm。

【生态分布】夏秋季生于竹林或阔叶林中地上，阴条岭自然保护区内阴条岭、骡马店一带有分布，采集编号 500238MFYT0012。

【资源价值】不明。

赭色马勃

竹林蛇头菌

【拉丁学名】*Mutinus caninus*（Schaeff.）Fr.

【系统地位】担子菌门 > 伞菌纲 > 鬼笔目 > 鬼笔科 > 蛇头菌属

【形态特征】子实体小至中等，高 6 ~ 10 cm，菌柄圆柱形，似海绵状，中空，上部粉红色，向下渐变白色。产孢部分长 1 ~ 2 cm，圆锥形，与菌柄界限不明显，表面近平滑或有疣状突起，其上有暗绿色、黏稠且腥臭气味的孢体。菌托高 1.5 ~ 3.5 cm，直径 0.6 ~ 1.2 cm，卵圆形至卵状椭圆形，白色。孢子无色，长椭圆形，（3 ~ 5.5）μm ×（1.3 ~ 1.9）μm。

【生态分布】夏秋季单生或散生于林中地上，阴条岭自然保护区内阴条岭一带有分布，采集编号500238MFYT0188。

【资源价值】有毒。

【拉丁学名】*Mutinus elegans*（Mont.）E. Fisch.

【系统地位】担子菌门 > 伞菌纲 > 鬼笔目 > 鬼笔科 > 蛇头菌属

【形态特征】幼时菌蕾高 2 ~ 3 cm，直径 1 ~ 2 cm，长卵形。成熟子实体总高 8 ~ 14 cm，由上部产孢部分与下部菌柄组成，但二者无明显分界。产孢部分长 3 ~ 4.5 cm，直径 0.7 ~ 1.2 cm，长圆锥形，覆盖有黏稠暗青灰色的孢体，孢体脱落后呈红色至橙红色，顶端常有穿孔。菌柄长 4 ~ 10 cm，直径 1 ~ 2 cm，圆柱形，橙红色至淡黄色，近基部黄白色，中空。菌托高 2 ~ 3.5 cm，直径 1.5 ~ 2.5 cm，近白色至白带紫红色。担孢子（4 ~ 7）μm ×（2 ~ 3）μm，椭圆形，无色至淡青色，光滑。

【生态分布】夏秋季单生或散生于林中地上，阴条岭自然保护区内骡马店一带有分布，采集编号500238MFYT0415。

【资源价值】不明。

蛇头菌

雅致蛇头菌

407 黄包红蛋巢菌

【拉丁学名】*Nidula shingbaensis* K. Das & R.L. Zhao

【系统地位】担子菌门 > 伞菌纲 > 伞菌目 > 伞菌科 > 红蛋巢菌属

【形态特征】子实体小型，坛状至桶状，高 0.4 ~ 1 cm，直径 0.4 ~ 0.6 cm，幼时顶部有一白色盖膜。包被淡黄色、褐黄色至黄色，外表面密被白色至近白色绒毛，内侧淡黄色至黄褐色，平滑。小包透镜形，直径 1 ~ 1.5 mm，具单层皮层，肉桂色至巧克力褐色。担孢子呈椭圆形至卵状椭圆形，（7 ~ 9）μm ×（4.5 ~ 5.5）μm，厚壁。

【生态分布】夏秋季群生于阔叶林中或针阔混交林中地上，阴条岭自然保护区内阴条岭一带有分布，采集编号 500238MFYT0061。

【资源价值】不明。

408 台湾鬼笔

【拉丁学名】*Phallus formosanus* Kobayasi

【系统地位】担子菌门 > 伞菌纲 > 鬼笔目 > 鬼笔科 > 鬼笔属

【形态特征】菌托高 6 ~ 7 cm，直径 5 ~ 6 cm，近杯形，外部黄褐色，平滑或有褶纹，外皮剥离后有带黄色的内皮。菌柄纺锤状，海绵质，中空，长可达 25 cm，中间最粗部分直径达 8 cm，分红白色、浅粉红色至粉红色，上面有约 100 个大小不等的网眼状小洞。菌盖钟形或钝圆锥形，高8 cm，下面边缘部分直径 10 cm，与柄同色，外部网状，网格大小和形状不规则，直径 2 ~ 6 mm，深凹状，网格内附有暗褐色并放出恶臭的黏液；菌盖顶端盘状，有穿孔。孢子长椭圆形，两端钝圆，微带淡青色，（3 ~ 3.7）μm ×（1.2 ~ 1.5）μm。

【生态分布】夏季生于针阔混交林林地边缘，阴条岭自然保护区内击鼓坪一带有分布，采集编号500238MFYT0285。

【资源价值】食毒不明。台湾鬼笔为中国特有种，原产地为台湾花莲；自 1938 年正式发表以来，除台湾外，该物种仅在云南盈江铜壁关自然保护区发现有分布，此二地均处于我国热带区域内，显示出台湾鬼笔具有典型的热带亲缘性质；而笔者在阴条岭自然保护区海拔 1 683 m 的亚热带针阔混交林林地边缘发现了该物种，表明台湾鬼笔也能较好地适应亚热带生境。从空间分布来看，台湾鬼笔目前分布在台湾、云南和重庆三地，属于岛屿状、不连续分布状态，其起源中心和分布中心还很难通过现有信息进行判断。本次发现，对该物种的地理区系研究具有重要意义。

黄包红蛋巢菌

台湾鬼笔

【拉丁学名】*Phallus tenuis*（E. Fisch.）Kuntze

【系统地位】担子菌门 > 伞菌纲 > 鬼笔目 > 鬼笔科 > 鬼笔属

【形态特征】菌蕾幼时卵圆形，成熟时外包被开裂，形成菌盖、菌柄和菌托。菌盖钟形至圆锥形，顶端平，具一小穿孔，高 2 ~ 3 cm，直径 1 ~ 2 cm，黄色，有明显的小网格，其上有黏而臭、橄榄褐色的孢体。菌柄细长，海绵状，黄色至硫黄色，长 7 ~ 10 cm，直径 1 ~ 2 cm，内部空心，向上渐细。基部有白色菌托，近球形，外表污白色至淡褐色。担孢子长椭圆形至杆形，（2.5 ~ 3.5）μm ×（1 ~ 2）μm，光滑，近无色。

【生态分布】夏季生于亚高山林地边缘，阴条岭自然保护区内兰英寨一带有分布，采集编号500238MFYT0349。

【资源价值】有毒。

【拉丁学名】*Pseudoclathrus pentabrachiatus* F. L. Zou，G. C. Pan & Y. C. Zou

【系统地位】担子菌门 > 伞菌纲 > 鬼笔目 > 鬼笔科 > 假笼头菌属

【形态特征】未开放的担子果长圆形或椭圆形，直径 1.8 ~ 3.5 cm，白色或浅灰色，表面有许多褐色斑点，成熟担子果高 6 ~ 12 cm，基部有发育良好的白色菌索。孢托由 5 条等长臂组成，外表面无沟槽，长 4.5 ~ 5 cm，直径 0.2 ~ 0.5 cm，略呈弓形至锥形，海绵质，橙黄色，顶部联合，永不分离。菌柄长 3 ~ 5 cm，直径 1.5 ~ 2 cm，柱状，中空，海绵质，橙黄色，部分隐藏于菌托。菌托灰白色，有棕色斑点。产孢体位于臂中部内表面，橄榄色，恶臭。担孢子光滑，椭圆形，浅橄榄色，（2.4 ~ 3.0）μm ×（1.3 ~ 1.4）μm。

【生态分布】夏季生于亚高山林地边缘，阴条岭自然保护区内大官山一带有分布，采集编号500238MFYT0334。

【资源价值】不明。

腹菌类

细黄鬼笔

五臂假笼头菌

腹菌类

【拉丁学名】*Pseudocolus fusiformis*（E. Fisch.）Lloyd

【系统地位】担子菌门 > 伞菌纲 > 鬼笔目 > 鬼笔科 > 三叉鬼笔属

【形态特征】菌蕾幼时直径 1 ~ 2 cm，卵形，基部附有白色的根状菌索。成熟后包被开裂，长出 3 根托臂。托臂顶部连接在一起，呈浅红色至橙黄色，外侧有 4 ~ 6 个泡沫状的小室，内侧有管状的小室。托臂基部汇合，白色，短，上部子实层附有褐色至黑褐色的黏液，具有强烈的臭味。担孢子（4 ~ 7）μm×（2 ~ 3）μm，长椭圆形，无色。

【生态分布】夏季生于亚高山林地边缘，阴条岭自然保护区内大官山一带有分布，采集编号 500238MFYT0334。

【资源价值】不明。

【拉丁学名】*Scleroderma areolatum* Ehrenb.

【系统地位】担子菌门 > 伞菌纲 > 牛肝菌目 > 硬皮马勃科 > 硬皮马勃属

【形态特征】子实体小，直径 2 ~ 5 cm，球形至扁半球形，下部缩成长短不一的柄状基部，其下开散成许多根状菌索。包被表面浅土黄色，其上有网状、龟裂形的褐色鳞片，成熟时顶端不规则开裂。孢体初期灰紫色，后期灰色至暗灰色，成熟后粉末状。孢子球形至近球形，褐色至浅褐色，直径 9 ~ 11 μm，密被小刺。

【生态分布】夏季生于林中地上，阴条岭自然保护区内阴条岭和干河坝至骡马店一带有分布，采集编号 500238MFYT0251。

【资源价值】有毒，但记载成熟后可药用。

腹菌类

三叉鬼笔

网硬皮马勃

【拉丁学名】*Scleroderma bovista* Fr.

【系统地位】担子菌门 > 伞菌纲 > 牛肝菌目 > 硬皮马勃科 > 硬皮马勃属

【形态特征】子实体中等。直径可达 5 cm，不规则球形至扁球形，由白色根状菌索固定于地上，成熟时易从地表脱落。包被新鲜时奶油色、赭色、浅灰色至灰褐色，薄，有韧性，光滑或呈鳞片状，有时有不规则龟裂，新鲜时无特殊气味。产孢组织幼嫩时灰白色，柔软；成熟时黑褐色或橄榄褐色，呈棉质的粉状物。孢子球形，暗褐色，有网棱，直径 10 ~ 18 μm。

【生态分布】夏秋季数个群生或簇生于林中地上，阴条岭自然保护区内阴条岭一带有分布，采集编号 500238MFYT0116。

【资源价值】幼嫩时可食用，成熟时可药用。

【拉丁学名】*Scleroderma polyrhizum*（J. F. Gmel.）Pers.

【系统地位】担子菌门 > 伞菌纲 > 牛肝菌目 > 硬皮马勃科 > 硬皮马勃属

【形态特征】子实体小至中等，近球形或梨形，有时不规则形，未开裂前直径 4 ~ 8 cm，基部往往以白色根状菌索固定在基物上。包被厚而坚硬，初期浅黄白色，后浅土黄色至土黄褐色，部分干燥表皮近灰白色，粗糙，表面常有龟裂纹或斑状鳞片，成熟时呈星状开裂，裂片反卷。孢体成熟后暗褐色至黑褐色。担孢子直径 5 ~ 13 μm（包含小刺），球形，具小疣刺，小疣刺常连接成不完整的网状，褐色。

【生态分布】夏秋季单生或群生林中地上或草丛中，阴条岭自然保护区内干河坝至骡马店一带有分布，采集编号 500238MFYT0243。

【资源价值】不明。

大孢硬皮马勃

多根硬皮马勃

Cortinarius sp.

Hygrocybe sp.

Inocybe sp.

Porpolomopsis sp.

Weraroa sp.

中文名索引

拉丁学名索引

参考文献

[1] Adamčík S, Jančovičová S, Looney B P, et al. Circumscription of species in the *Hodophilus foetens complex* (Clavariaceae, Agaricales) in Europe [J]. *Mycological Progress*, 2017, 16: 47-62.

[2] Cai Q, Liu Y J, Gerhard K, et al. *Tricholyophyllum brunneum* gen. et. sp. nov. with bacilliform basidiospores in the family Lyophyllaceae [J]. *Mycosystema*, 2020, 39 (9): 1728-1740.

[3] Cui Y Y, Cai Q, Tang L P, et al. The family Amanitaceae: molecular phylogeny, higher-rank taxonomy and the species in China [J]. *Fungal Diversity*, 2018, 91: 5-230.

[4] Du P, Fang W, Tian X M. Three new species of Junghuhnia (Polyporales, Basidiomycota) from China [J]. *MycoKeys*, 2020, 72 (2): 1-16.

[5] Ge Z W, Yang Z L, Vellinga E C. The genus *Macrolepiota* (Agaricaceae, Basidiomycota) in China [J]. *Fungal Diversity*, 2010, 45: 81-98.

[6] Hyde K D, Tennakoon D S, Jeewon R, et al. Fungal diversity notes 1036–1150: taxonomic and phylogenetic contributions on genera and species of fungal taxa [J]. *Fungal Diversity*, 2019, 96: 1-242.

[7] Kim J S, Cho Y, Park K H, et al. Taxonomic study of *Collybiopsis* (Omphalotaceae, Agaricales) in the Republic of Korea with seven new species [J]. *MycoKeys*, 2022, 88: 79-108.

[8] Liang J F, Yang Z L. Two new taxa close to *Lepiota cristata* from China [J]. *Mycotaxon*, 2011, 116 (1): 387-394.

[9] Na Q, Bau T. Recognition of Mycena sect. Amparoina sect. nov. (Mycenaceae, Agaricales), including four new species and revision of the limits of sect. Sacchariferae [J]. *MycoKeys*, 2019, 52: 103-124.

[10] Nitare J, Ainsworth A M, Larsson E, et al. Four new species of Hydnellum (Thelephorales, Basidiomycota) with a note on Sarcodon illudens [J]. *Fungal Systematics and Evolution*. 2021, 7: 233-254.

[11] Paloi S, Dutta A K, Acharya K. A new species of *Russula* (Russulales) from eastern Himalaya, India [J]. *Phytotaxa*, 2015, 234 (3): 255-262.

[12] Popa F, Rexer K H, Donges K, et al. Three new *Laccaria* species from Southwest China （Yunnan）[J]. *Mycological Progress*, 2014, 13: 1105-1117.

[13] Wang C Q, Li T H, Zhang M, et al. *Hygrophorus* subsection *Hygrophorus*（Hygrophoraceae, Agaricales）in China[J]. *MycoKeys*, 2020, 68: 49-73.

[14] Wang X H. Two new species of *Lactarius* subg. *Russularia* from subalpine regions of southwestern China[J]. *Journal of Fungal Researc*, 2017, 15（4）: 222-228.

[15] Wei T Z, Yao Y J. *Cortinarius korfii*, a new species from China[J]. *Mycosystem*, 2013, 32（3）: 557-562.

[16] Zeng N K, Wu G, Li Y C, et al. *Crocinoboletus*, a new genus of Boletaceae（Boletales）with unusual boletocrocin polyene pigments[J]. *Phytotaxa*, 2014, 175（3）: 133-140.

[17] Zhu X T, Wu G, Zhao K, et al. *Hourangia*, a new genus of Boletaceae to accommodate *Xerocomus cheoi* and its allied species[J]. *Mycological Progress*, 2015, 14: 1-10.

[18] 戴玉成, 杨祝良, 崔宝凯, 等. 中国森林大型真菌重要类群多样性和系统学研究[J]. 菌物学报, 2021, 40（4）: 770-805.

[19] 戴玉成, 杨祝良. 中国药用真菌名录及部分名称的修订[J]. 菌物学报, 2008, 27（6）: 801-824.

[20] 戴玉成, 周丽伟, 杨祝良, 等. 中国食用菌名录[J]. 菌物学报, 2010, 29（1）: 1-21.

[21] 廖宇静, 于飞飞, 刘正宇, 等. 重庆金佛山自然保护区大型真菌多样性及资源保护与可持续利用[J]. 生态科学, 2008, 27（1）: 42-45.

[22] 刘朝贵, 马根艳, 聂和平, 等. 武陵山脉七曜山区大型真菌资源调查[J]. 食用菌学报, 2009, 16（2）: 77-83.

[23] 刘月廉, 黄佳棋, 林晓玲, 等. 一株野生热带小奥德蘑菌株的鉴定及出菇试验[J]. 黑龙江农业科学, 2019（12）: 102-105.

[24] 马立安, 陈启武, 夏群香. 长江三峡大型真菌调查[J]. 长江大学学报（自然科学版）, 2008, 5（2）: 54-56.

[25] 万县贞, 袁海生. 中国齿状真菌研究5. 齿耳属（担子菌门, 皱孔菌科）[J]. 菌物学报, 2013, 32（6）: 1086-1096.

[26] 王向华. 中国西南亚高山带乳菇属小红乳菇亚属的2个新种[J]. 菌物研究, 2017, 15（4）: 222-228.

[27] 魏铁铮, 姚一建. 柯夫丝膜菌, 中国丝膜菌属一新种[J]. 菌物学报, 2013, 32（3）: 557-562.

[28] 张家辉, 王春辉, 王略成, 等. 阴条岭国家级自然保护区大型真菌调查研究[J]. 西南大学学报（自然科学版）, 2019, 41（3）: 9-13.

[29] 张家辉, 杨蕊, 饶东升, 等. 重庆大巴山国家级自然保护区大型真菌区系特征研究[J]. 西南大学学报（自然科学版）, 2014, 36（6）: 74-78.

[30] 周光林, 邓洪平, 张家辉. 缙云山自然保护区大型真菌资源的多样性[J]. 贵州农业科学, 2012, 40（12）: 126-130.

[31] 周光林,杨蕊,邓洪平,等.缙云山食(药)用大型真菌资源调查研究[J].中国食用菌,2012,31(2):10-12.

[32] 崔宝凯,戴玉成.中国真菌志(第五十八卷)[M].北京:科学出版社,2021.

[33] 戴玉成.中国储木及建筑木材腐朽菌图志[M].北京:科学出版社,2009.

[34] 戴玉成,熊红霞.中国真菌志(第四十二卷)[M].北京:科学出版社,2012.

[35] 李玉,李泰辉,杨祝良,等.中国大型菌物资源图鉴[M].河南:中原农民出版社,2015.

[36] 李玉,图力古尔.中国真菌志(第四十五卷)[M].北京:科学出版社,2014.

[37] 卯晓岚.中国蕈菌[M].北京:科学出版社,2009.

[38] 图力古尔.中国真菌志(第四十九卷)[M].北京:科学出版社,2014.

[39] 杨祝良.中国真菌志(第六十三卷)[M].北京:科学出版社,2023.

[40] 杨祝良.中国鹅膏科真菌图志[M].北京:科学出版社,2015.

[41] 杨祝良.中国真菌志(第五十二卷)[M].北京:科学出版社,2019.

[42] 袁明生,孙佩琼.中国蕈菌原色图集[M].成都:四川科学出版社,2007.

[43] 臧穆.中国真菌志(第四十四卷)[M].北京:科学出版社,2013.

[44] 庄文颖.中国真菌志(第四十八卷)[M].北京:科学出版社,2014.

[45] 庄文颖.中国真菌志(第五十六卷)[M].北京:科学出版社,2018.

[46] 庄文颖.中国真菌志(第六十卷)[M].北京:科学出版社,2020.